田野里的机械工程

万能的农业机械

[德] 吉斯伯特·施特罗德勒斯 / 文
[德] 加比·卡弗里乌斯 / 图
王思倩 / 译

人民文学出版社 天天出版社

目录

农场里的得力助手

拖拉机

当农场里有活儿要干的时候，拖拉机总是随时准备出发。

拖拉机在农场里几乎能够胜任所有工作。它既能牵拉犁和耙，又能抬起树干和铲起粪便；既能撒种、割草，对施肥和碾压也很在行，更不用说运送粮食和收割马铃薯了。拖拉机在完成运送粪肥这样的任务时跑得飞快，毫不介意粪肥散发的“独特气味”。

拖拉机是真正的多面手，能转，能推，能举，还能驱动几乎一切农用器械：旋转犁、撒肥机、茎秆压捆机、播种机、马铃薯收割机或自卸挂车。要是缺了拖拉机，农场的活儿可都干不下去了。无法想象，在没有拖拉机的旧时光里，农夫究竟是如何耕种的。

拖拉机的名字

虽然古罗马人没见过拖拉机，但拖拉机的名字却来自于古罗马人的语言，也就是拉丁语。“拖拉机”的字面意思是：牵引者。这正巧就是拖拉机最重要的工作之一。拖拉机可以牵拉拖车、犁、耙、茎秆压捆机和其他各样的机器。

到底是谁给拖拉机起的名字呢？没有人知道确切的答案。也许是某些机智的工程师，在钻研新机器的时候回忆起了他们的拉丁语课吧？德国北部和南部的人会根据自己的方言为拖拉机命名。还有一些人会叫拖拉机“斗牛犬”。这个奇怪的名字来自于一款非常特殊的拖拉机 ——“兰茨斗牛犬”。

动物曾是好帮手

没有拖拉机的农业时代

最忙不过三月天，农夫套马来种田。
平整菜园和草地，农场播种把土犁。
日出即刻勤劳作，日落始得安然卧。

有一首古老的民歌开头就是如此传唱的。让我们哼唱着，一起穿越到那个还没有拖拉机的时代。那时的人们，面对堆积如山的农活儿，要么必须亲力亲为，要么就得套上动物们，让它们代替自己干活。骡子用来拉车或运送谷物袋。奶牛或公牛可以拉着犁耕田。与它们相比，马更适合农场上的重体力活。它们更机灵，力气更大，而且不像驴子那样倔强难驯。即便是沉重的麻袋、大块的木梁或其他各类重物，马也能仅靠一条绳索和一个滑轮就把它们举起来。英国发明家詹姆斯·瓦特发明了强大的蒸汽机。他曾经观看一匹马是如何把一袋谷物通过绳索拉到阁楼上的。后来

狗狗必须“永无止尽”地奔跑

过去，就连农场的狗狗们也得参与许多劳动。它们既需要充当牧羊犬，看家护院，还需要拉狗车。狗车当然比马车或牛车要小得多。因此狗狗们有足够的力量来拖动这样的小车，去运送装载在上面的奶罐、秸秆或刚割的草。狗狗还要帮忙捶打制作黄油。为此，它们会被拴在一个架子上，然后在一条木制跑步带上奔跑。跑步带驱动滚筒，滚筒又带动碾槌在木桶里上下捶打。如果农夫把奶油倒进这个木桶里，过不了一会儿，黏稠的奶油就会被捶打成固体的黄油。

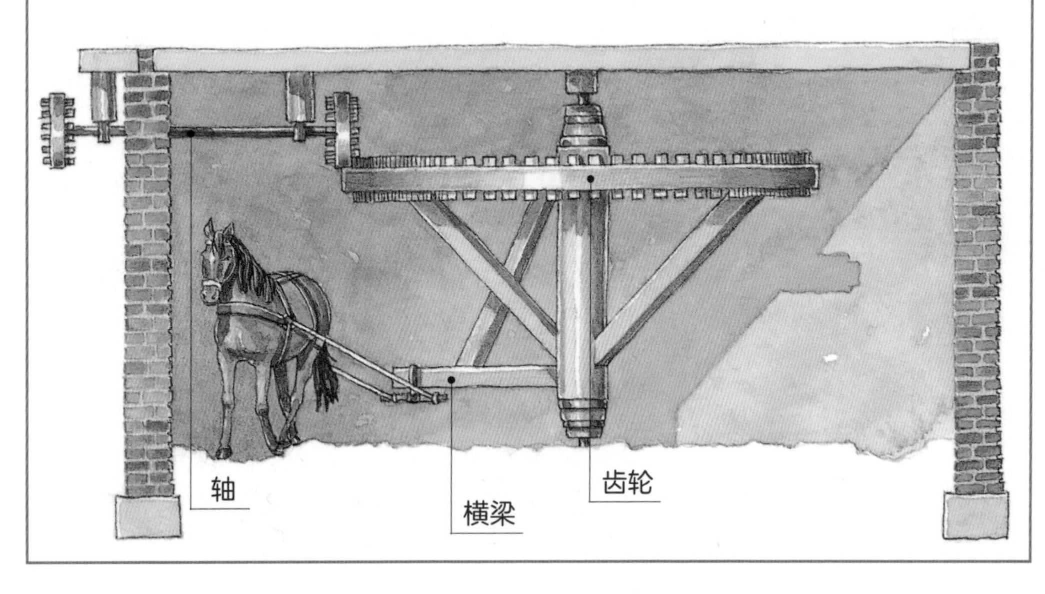

瓦特规定：如果一匹马用一秒钟的时间，把一袋75公斤的谷物举高一米，这就相当于一个“马力”，缩写为：1ps。后来，马匹的工作被蒸汽机、发动机和拖拉机所代替，但这些机械的作业能力仍然要通过“马力”来计量。如今，这个单位早已被“瓦特”和“千瓦”所取代，但农夫们仍然喜欢用充满赞赏的语气说：“我的拖拉机马力十足！”

畜力磨坊

过去，规模稍大的农场是利用马或牛等牲畜来驱动磨坊或水泵工作的。为此，农夫们想出来一种特别的技术：畜力磨坊。一匹马或任意一种强壮的动物，会被拴在一根横梁上。它转着圈，推动横梁，进而带动一个大型的齿轮转动。通过多个小齿轮和一根长长的铁棒，也就是“轴”所组成的传动系统，牲畜的力量就能让磨坊或水泵运转起来。

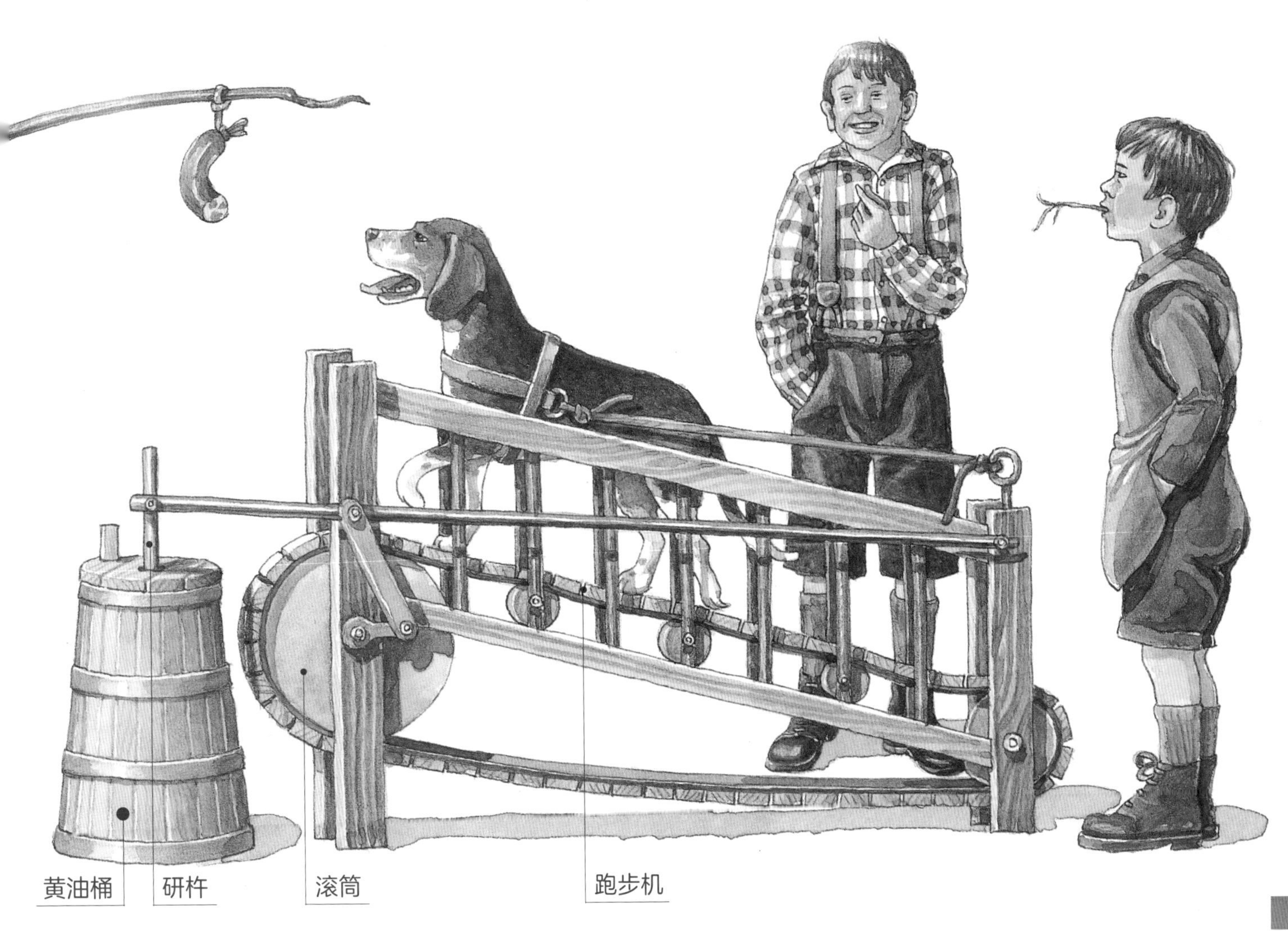

锅炉里的能量

移动蒸汽机

大家都知道老式的火车头长什么样子。但是，有人知道“移动蒸汽机”是什么吗？它是在拖拉机出现以前，最早帮助农夫们在田间工作的农业机械。

移动蒸汽机实际上就是一台装有四个轮子的蒸汽机。它不能像火车头那样自己开动，只能被拉着移动。人们在这头钢铁“怪兽”前拴上一匹马或一头牛来拖动它。

但是，一旦这台蒸汽机在田边或农场里开始工作，人们都会被它的力量所震撼。它驱动着打谷机，把农夫收割来的谷物脱粒——要知道，那时还没有联合收割机呢！不需要打谷的时候，蒸汽机还可以用来驱动大木锯，这样就可以把粗壮的树干锯成木板了。整个过程既快又细致，再也不需要人们劳神费力地亲手锯木板了。

蒸汽的力量从何而来？

当一个装满水的锅在炉子上被逐渐加热时，你会发现，锅盖从某个时刻起开始啪嗒作响。它一会儿被掀起来，一会儿自己落下来，接着又被掀起来——就这么来来回回，循环往复。这个一遍遍把锅盖掀起来的力，就来自蒸汽。因为任何一种物质被加热时都会膨胀，锅里的水也是这样，当温度足够高时，水会开始冒泡，接着蒸发成气体。这些蒸汽会占据更多的空间，若是盖子盖住锅，挡住了蒸汽的去

虽然只在耕种大片田地的时候才会用到移动蒸汽机犁地，但农夫们使用这种机器的场面是非常令人震撼的。人们将两台移动蒸汽机分别放置在田地的两端，它们之间由一根钢丝绳紧紧相连，并且在绳上安装一部犁。接下来，犁被两台蒸汽机来回牵引，就自动完成了犁地的工作。

詹姆斯·瓦特和千瓦

300多年前，世界上第一台蒸汽机在英国启动。但一直等到英国工程师詹姆斯·瓦特出现，蒸汽动力的功用才真正成功地发挥出来。他所发明的蒸汽机于1765年问世，其功能远远强于之前的旧机型。这种蒸汽机首先在制造厂、纺织厂和水泵站运转起来，接着被广泛用于田间、农场和农产品制造。这项发明赋予詹姆斯·瓦特一项特殊的荣誉，那就是：无论在何时何地，每当需要测量一个力做事情是快还是慢时，测量的结果总是会带上他的名字。正如长度以“米”、重量以“克”来计量一样，力做功的速度就是以“瓦特（简称瓦）”为单位来计量的。

路，滚烫的蒸汽就会从下面把锅盖往上顶，并把它抬起来。当一部分蒸汽从缝隙中逃逸出去后，剩下的蒸汽力量变小，锅盖自然就会掉下来，直到锅里面再次充满蒸汽时，锅盖会被再度顶开。

蒸汽机就是依照这个原理来工作的。它的构造从本质上讲就是一个带着锅盖的锅——专业的说法是：一个带活塞的汽缸。蒸汽在蒸汽机里，会被很巧妙地引导进入一个具有特殊构造的汽缸中，让蒸汽能持续带动活塞保持运动状态。活塞的推动力通过活塞杆，继续传递给连杆。连杆则继续带动又重又大的飞轮旋转起来。飞轮圆周上绷着一根很宽的皮质传动带。它的另一端与其他需要被驱动的机器相连——例如锯子或者打谷机。

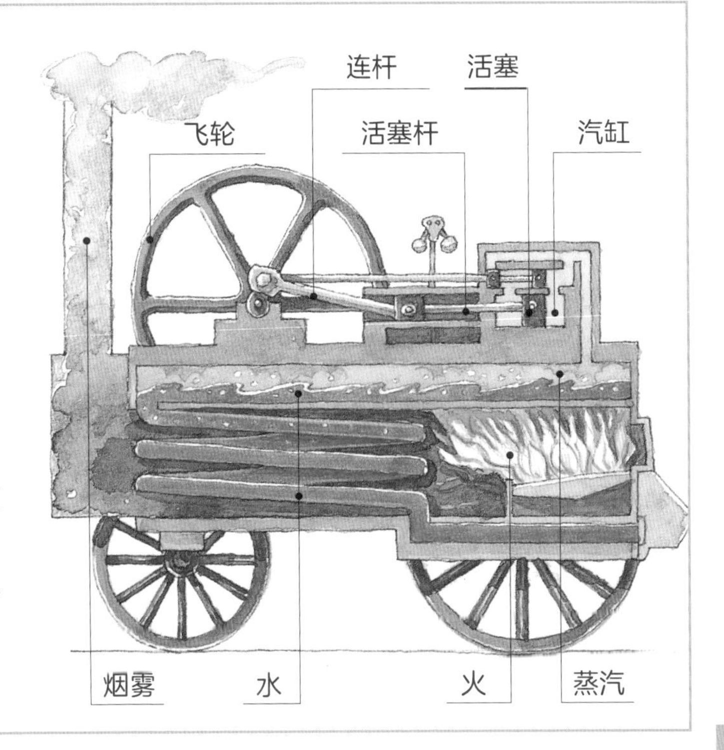

一项天才的发明

鲁道夫·狄塞尔和他的发动机

如今，所有拖拉机的引擎盖下都藏着一部柴油发动机。这种发动机得名于机械师鲁道夫·狄塞尔。

鲁道夫·狄塞尔在他的发明上倾注了多年的心力。直到1897年，他的首部发动机开始运转，一直持续不停地运转。狄塞尔的这项创举至今仍陈列在慕尼黑的德意志博物馆，供人参观。这部发动机高度超过4米——差不多就是一部汽车的长度。虽然它已经极其古老了，但现在仍然能够正常运转。这部发动机问世不久，狄塞尔和另外一些善于创新的发明家就发现了在不需要损失任何动力的情况下，造出体积更小的发动机的方法。就这样，狄塞尔后续制造的发动机很快就能驱动拖拉机了。

虽然历经长久的发展，这项应用仍被使用至今。柴油发动机有多项优点。首先，它比汽油发动机所消耗的燃料少。其次，柴油发动机也更耐用。它的运行时间远远超过汽油发动机。另外，比起汽油发动机，柴油发动机所提供的动力非常均匀可靠——无论它以缓慢、正常还是非常快的速度运转，无论它需要牵引的载重是轻还是重，即使它负载的重量非常迅速地变化，也几乎不会影响它的工作效率。因此，柴油发动机名副其实地成为在田间或树林里工作的最佳选择。

许多在柴油发动机发展初期制造的拖拉机，都已经成为一堆废铁。但其中有一些至今仍然陈列在博物馆，存放在车库或谷仓里。在那里，它们得到了热衷于老技术的朋友们的精心照料。有些拖拉机甚至还能正常行驶呢！

拖拉机的

老式拖拉

兰茨斗牛犬

这是德国最古老的拖拉机之一，这头“斗牛犬”来自曼海姆的海因里希·兰茨公司。它从1921年开始投入生产。这台拖拉机之所以得名，是因为它看起来就像一只斗牛犬。

“斗牛犬”有一个“热球发动机”。这部发动机利用一盏小型的加热灯给一颗圆“鼻子”——热球加热。当热球温度足够高时，发动机就会被启动并开始工作。

然后发动机利用一根链条和一些齿轮，去驱动“斗牛犬”的两个后轮，几乎就像一部普通的自行车一样。

巨人的能力

如今的拖拉机

今天的拖拉机是名副其实的“巨人”。它们的体积明显比那些前代产品更大，同时也更快更强。

对于拖拉机而言，它们的前轮通常都比后轮小。发动机一般安装在两个前轮的上方。司机则坐在发动机靠后一些的位置操纵方向盘。这样的设计基本上成了一种固定模式，几乎保持不变。但除此之外，几乎都改变了。

时至今日，拖拉机更大、更强、更快了。对于司机们来说，它们也变得更加舒适。

驾驶室既可以防雨，又可以避暑，而且人坐在里面的时候，也能隔绝一部分拖拉机发出的噪声。驾驶座位里安装了弹簧，能够起到减震的作用，因此司机坐在上面的时候，只会察觉到很轻微的震动。

大多数拖拉机是全轮驱动的。这就是说：前后轮都有驱动力。这使得拖拉机可以在田间更自如地行驶。

拖拉机在犁地时，必须以不同于播种的速度行驶。而耙地时，肯定也与把稻草压成捆的速度不同。这就是为什么它们需要很多变速挡位。有些拖拉机拥有36个前进挡和36个倒挡。许多拖拉机甚至已经不再需要配置用于更换挡位的变速杆了，取而代之的是另一种操纵杆，在驾驶时实现无级变速。这就是说，司机不需要手动换挡，就可以让拖拉机从蜗牛一般的低速提升到在公路行驶的高速。

另一头斗牛犬

这是兰茨斗牛犬众多的后续车型之一。几乎再也无法让人把它和一只斗牛犬联系到一起，因为它已经具备了一台“真正的”拖拉机的外形。

福特森

福特森拖拉机产自美国底特律一家著名的汽车公司——福特公司。它是世界上第一台通过流水线作业组装生产的拖拉机。

IHC

生产这款拖拉机的公司的英文全称是“International Harvester Company”，中文名叫作国际收割机公司。因为全称太长，因此人们常把它简称为：IHC。这款拖拉机是1953年在德国诺伊斯的IHC分工厂制造的。它实现了一台柴油发动机同时具备四个汽缸的构造。它以30马力（也就是22千瓦）的功率一举成为那个时代最强大的拖拉机之一。农夫们驾驶着它能达到每小时26公里的速度。对于那个年代而言，这已经是非常轻快灵巧的拖拉机了。

“埃尔费尔·道依茨”

“道依茨”是德国科隆市一个区的区名，这个区的一家工厂也以“道依茨”命名，而“道依茨”还是这家工厂所生产的拖拉机的名字。其中，名头最响的型号叫作“11号道依茨”，因为它的功率为11马力（8千瓦）。从1936年开始投入生产，直到1951年停止销售，在这期间，这款拖拉机的构造只经历了些许变动。其中最老的那些车型的速度能被一个小孩骑的自行车轻松超越，因为“11号道依茨”最开始只能达到8公里的时速。即使之后那些经过“优化”的车型也仍然无法超越20公里的时速。但对它们的设计师或农夫而言，速度其实并不是他们关心的重点。

他们在意的是：“11号道依茨”构造小巧、易于驾驶，而且价格经济实惠。更重要的是，它还自带一根可以直接用拖拉机电动机驱动的动力输出轴和一根切割机切杆。这根切杆上装有许多三角形的刀片。当拖拉机的发动机启动时，会同时带动刀片在水平方向上来回切割。有了切杆，也就是切割机的雏形，任何一位农夫都能快速轻松地切割谷物或稻草了。

保时捷

你说什么？是一台真正的保时捷拖拉机吗？是的，著名的汽车制造商保时捷曾经也制造过拖拉机。它的标志性造型是优雅地向前拱起的引擎盖。不仅外形，引擎盖下面的构造和配置也是非常优秀的。

这台“初级保时捷”生产于1957年，它的单汽缸发动机功率为14马力（大概10千瓦）。驾驶员可以在8个挡位之间任意选择：6个前进挡和2个倒挡。这台“初级保时捷”的最快速度是每小时20公里。

先驱们

的盛会

在德国，许多城市或乡镇总会在每年的夏季或秋季不约而同地举办一项盛事，那就是：拖拉机游行。在这一天，车主们会驾驶着那些比他们的祖父甚至曾祖父的年龄还要大的拖拉机上街游行。

这些老旧的拖拉机常被称为“Oldtimer”。这是个英语词，直接翻译成中文就是“旧时代的东西”。与那些漂亮的老式汽车或者卡车一样，人们都叫它们“老爷车”。

在这些盛大的老爷车聚会上，人们常常能见识到数量超过500辆的拖拉机。各种品牌数不胜数。

但其中大多数拖拉机公司今天都已不复存在。它们要么由于各种原因停止了拖拉机的生产，要么已经被其他公司收购。在拖拉机聚会上，一般都会有游行的环节，让拖拉机一辆接着一辆，慢慢地从街上开过。

又强又快

拖拉机可以以每小时20米的速度缓慢爬行，也可以开得相当快。尽管它们很重，但在牵拉着拖车的情况下，它们的最高速度仍然可以达到每小时60公里。不过，这个只有少数功能强劲的拖拉机可以达到。

今天，大多数拖拉机的功率都处在95—200马力（70—140千瓦）之间。那些最强大的拖拉机甚至拥有高达540马力（大概400千瓦）的功率。但是，它们看起来其实更像挖掘机或者履带车。

有点糟糕的“音乐”

柴油发动机

每台拖拉机都是由一台柴油发动机来驱动的。那么，柴油发动机是如何工作的呢？

一台发动机从外观上来看，好像一坨沉重的铁块。但事实上，在它的内部却安置着多个圆柱体形状的汽缸。这些汽缸的外形和“钢管”类似，只不过它们的内壁被打磨得像镜面一样光滑。在每一个汽缸中，都有一个可以上下移动的钢制或铝制的活塞。和汽缸内壁一样，这个活塞的表面也被打磨得十分光滑。它的圆柱体形状使它与汽缸的内壁刚好契合。活塞的顶部向内弯曲，与汽缸顶部形成的空间，我们称之为燃烧室。有些柴油发动机具备两个汽缸，大多数拖拉机发动机都是4—6个汽缸。

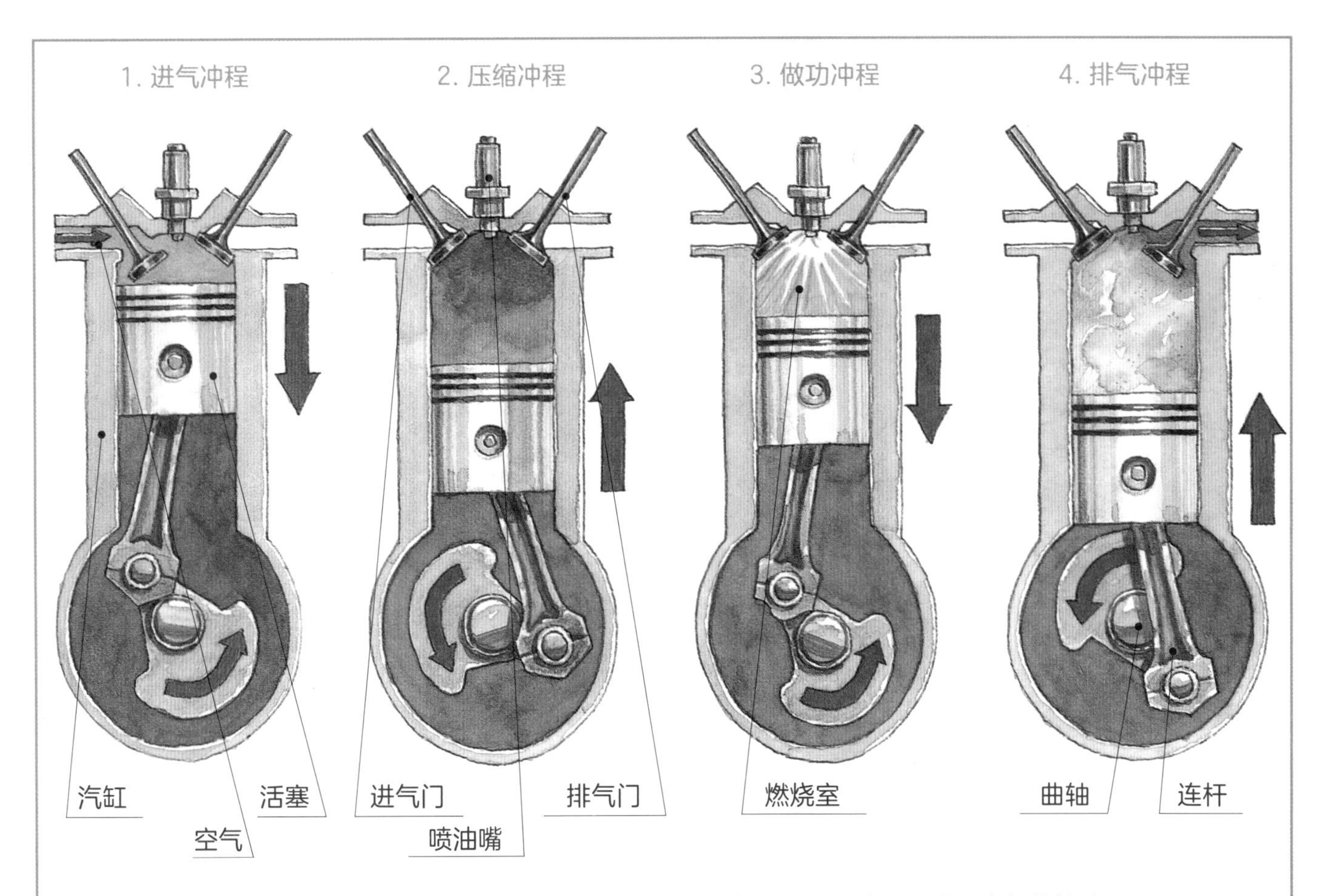

第一冲程：活塞快速下冲并吸入空气。在这个状态下，进气门保持开放，因此，空气能够流入。

第二冲程：活塞向上推动，将燃烧室内的空气压缩在一起。此时进气门和排气门保持关闭状态，空气便无处可逃。此时发生的事和为自行车胎打气很类似：当以很快的速度打气的时候，打气筒的筒身会变热。这是因为当空气被压缩时会变热。在柴油发动机里也是一样——只不过这个过程是在极短的时间内，由极大的推力完成的，因此，空气在一瞬间就能达到900摄氏度的高温。

第三冲程：柴油通过喷油嘴喷入高温的热空气中，就会立即起火燃烧。因为此时空气的温度是如此之高，以至于柴油都不需要火花点燃就能自行燃烧，进而产生巨大的爆发力，推动活塞向下运动。

第四冲程：活塞再次上推。这时进气门保持关闭，但排气门开放。燃烧殆尽的空气和柴油混合物从汽缸中泵出，随即进入废气排放装置，经过净化处理后再被导出。

每个汽缸的顶部都有三根管道。当进气门开放时，空气能通过第一根管道流入燃烧室。第二根管道与喷油嘴相连，柴油燃料经由这根管道被引入。当排气门开放时，柴油燃烧后的废气可以通过第三根管道排放出去。

在每一口汽缸中，都在不断进行着四个冲程的循环：吸入空气，压缩空气，喷入柴油与空气混合并燃烧以及最后的排出废气。

如果发动机有四个汽缸，那么，这些步骤是不会同步进行的。例如，如果第一个汽缸正处于第二冲程的阶段，那么第二个汽缸就有可能处于第三冲程，第三个汽缸处于第四冲程，而第四个汽缸则会返回到第一冲程。

从音乐的角度而言，这种节奏和声音听起来一定非常糟糕；但对于发动机而言，这恰好是我们所需要的，因为只有这样才能使四个汽缸中所爆发出来的力量得到均匀分布。

每个活塞的下方都与一根连杆相连接，它会随着活塞一起上下运动。

连杆的另一端与曲轴相连。随着连杆的牵引，曲轴被带动而运转起来。因此可以说，曲轴分别“收集”了各个汽缸的动力，并把这些动力通过传动系统的大小齿轮，最终传输给拖拉机的前轮和后轮。

拖拉机如何转动和举起重物

动力输出轴和液压系统

许多农用机械都可以被拖挂在拖拉机尾部。但要让它们各自发挥功用，进行耕地、播种或切割等工作，还必须额外向拖拉机调用发动机的动力。这该怎样实现呢？

自动卸货车、装载车、撒粪机和其他农业用车，通过与拖拉机尾部的拖车连接器相连，可以被拖拉机拉动。而另有一些农业机械，比如：犁、耙、播种机或旋转犁等，则需要与起重装置固定在一起。起重装置指的是拖拉机尾部的两根长杆，它能根据需要，像起重机一样将重物抬起或放下。有些拖拉机的前方还会配置第二部起重装置。

什么是“液压”？

拖拉机驾驶员按下一个按钮，拖拉机的前端装载机就能自动升起；他按下另一个按钮，拖拉机后端的起重装置就能立即抬起与它相连的撒肥机、旋转犁、耙。这就是利用了“液压”的原理。我们可以自己试着去寻找“液压”的秘密。准备一个装着水的桶，一根细橡胶软管和两支没有针头的医用注射器。

首先，用软管套住其中一支注射器的注射口，将软管的另一头埋入水中。然后，拉动一支注射器的活塞芯，让水通过软管装满注射器，将另一支注射器的活塞芯压入注射器内，使注射器保持没有空气的状态。现在，请小心地把装满水的软管从桶里取出来，套住第二支注射器的注射口。接下来，推动第一支注射器的活塞芯。发生了什么现象?

水居然顶出了第二支注射器的活塞芯。也就是说：力从第一支注射器被传递给了第二支注射器。这就是“液压”的含义：利用液体传递能量。液压的概念也被应用在了拖拉机上。但是，在其中流动的液体不是水，而是油。拖拉机的发动机驱动一个液压泵运转，把油通过管道和软管泵出。在软管另一端的活塞，因为油的挤压而被向上推动。活塞的推动力随即被用来抬起前端装载机，或让拖车向后倾倒卸货，抑或是用来举起耙或播种机。

这听起来像是一部未来电影中的一幕：一位农夫开着他的拖拉机行驶在宽广的田野上。他按下一个按钮，拖拉机就完全自动地继续拉着播种机向前行驶了，就好像是一只无形的手在操纵一样。

农民在播种时，必须非常小心谨慎。因为种子必须被均匀地播撒在每一方土地上：既不能出现漏种，也不允许重复播种。在此，车载计算机和导航仪就能派上大用场了。目前，这些设备已经可以安装在先进的大型拖拉机上。你看到驾驶室顶部那个像锅一样的圆形物体了吗？那就是天线。但它并不是用来接收收音机或电视信号的，而是用来接收来自太空的信号。

中也必须格外地小心谨慎。这就是目前比较新的拖拉机都安装了特殊的“气泵”的原因。它们被称为轮胎胎压调节器。只需要按下按钮，驾驶员就能让轮胎在田野中放气，相应地，在街道上，又能让轮胎再次充气。这一切非常方便快捷，既保护了土壤，又节省了柴油。但是，对于那些特别重、马力也特别强劲的拖拉机而言，轮胎调节器也起不了太大的作用。它们需要配上橡胶履带才能行驶。这样能较好地分散这种“田间巨人”的重量。但在这样的情况下，即使发动机功率极其强大，它们的行驶速度也非常受限了。

一种适用于所有情况的车辆

乌尼莫克

这种车看起来既像一辆小型的卡车，又像一辆造得过高的汽车。如果你第一次看见它，一定无法把它和拖拉机联系在一起。但事实上，乌尼莫克一开始的确是为农民的需要而设计的。直到今天，仍然能在许多农场里看见它们的身影——而且不只是在那里。

这台机器的英语名字叫作“Unimog”，来源于德文“Universal-Motor-Gerat”，中文音译作“乌尼莫克”。其中“universal”一词的意思就是“通用的”或“适用于所有情况”。

乌尼莫克拥有一台强劲的发动机和四轮驱动系统，以此来驱动四个大小完全一致的轮胎。这使得它既能够在街道上畅通行驶，又不会被卡在田野或森林中。它可以在公路上以每小时70公里的速度行驶。有些型号速度还能更快。和拖拉机一样，许多设备都可以与乌尼莫克相连。它的前后各有一个动力输出轴，农夫们能够将旋转犁、播种机、撒肥机或者其他农业设备与之相连，下地干活。在它后面的开放式载货箱里，还可以装载谷物袋、肥料，或是铲子、叉子一类的农业用具。

在机场

用于道路建设

用于医护救援

用于消防

无处不在

乌尼莫克的身影随处可见。例如，它们可以被当作警车、电视采访车使用，也可以用于沙漠探险、街道清洁或者铁路的建设和维护，有些车型甚至能直接行驶在铁轨上！乌尼莫克始创于1946年，虽然外观有些改变，但人们依然能很容易地认出它们来。

推、举、运输

拖拉机在森林里工作

许多农夫除了在农场和田地里工作以外，还需要在森林里工作。为此，一些配备了专业防护设备和特殊机器的拖拉机，就成为特别重要的帮手。

在森林里，许多工作都需要在拖拉机的帮助下才能完成。其中最重要的一项工作就是“集材”。其工作内容主要是用拖拉机把刚砍伐的树干从森林里拉到事先铺好的路上。接着，再把这些树干装载到拖车上，然后运送到仓库或锯木厂。为了完成这些任务，需要特别为拖拉机做好准备工作。比如，需要为它预备一台带有搭载板的绞盘机。绞盘机就是一个由粗实心钢丝绳所缠绕的卷筒。把钢丝绳的一端与树干牢牢绑定，而另一端则缠绕在绞盘机的卷筒上。拖拉机的发动机会驱使卷筒转动起来。只要按下按钮，卷筒在转动中一点点收起钢丝绳，就能拖动沉重的树干移动。接着，树干被拉到与拖拉机的起重装置相连接的搭载板上。这块搭载板会将树干的一端略微垫高，这样可以让牵拉树干到仓库的过程稍微轻松一些。森林中的工作特别危险。木块或碎片常会在不经意间蹦到空中；树枝有可能随时以闪电般的速度转向并抽打过来；倾斜放置的树干也有可能会突然滚动起来。因此，拖拉机需要穿上特制的“防护服”：拖拉机驾驶室由格栅和坚固的钢管所制成的框架所保护，类似的格栅和防护板还覆盖了拖拉机底部、油箱以及前后灯。

粉碎，锯开，碾平道路

在森林中，还有许多其他工作需要拖拉机来完成，比如粉碎木头。拖拉机上的一台用于装卸的起重机将木材从地面上抓起，放入粉碎机中。粉碎机由拖拉机的动力输出轴来驱动。粉碎机里的滚筒布满了锋利的金属锯齿，在转动的过程中，甚至能把厚厚的树干切得又短又小。

这些木头碎屑随即被粉碎机喷入拖车内，可以用作供暖的燃料，也可以铺在小路上或撒在花坛里。

拖拉机还可以在森林里直接就地锯开木头或将原木劈开。为此，拖拉机上还必须装备相应的机器。

带着起重机和装载机穿越森林

集材车

这类特种拖拉机在普通街道上是很少出现的，因为它们只在森林里工作，而且常常昼夜不停。

林业工作是非常艰苦的，对于拖拉机而言也是如此。因为拖拽或举起又粗又长的树干，不是一件容易的事。再加上还必须堆放和运输这些树干，就更困难了。配有防护板和绞盘机的普通拖拉机，通常可以满足林业工作者和林农的一般需求，但在规模非常大的森林里，工人们会使用集材车，来把砍倒的树干拉出森林。

一辆集材车通常由三个部分组成：一是特别坚固的拖拉机，二是格外稳定结实的拖车——用于装载又重又长的树干，最后是一台起重机——它的机械手臂能深入到森林里，利用它可以把这些木材抓举起来，放到拖车上。

起重机是由拖拉机通过液压系统来控制的，这里使用的液体是油，因此实际上依靠的是油压。

假如有少量的油从输油管中溢出，也不会造成太大的损害。因为所使用的特制油可以在土壤中自行分解。

集材车的轮胎也是为森林作业而特制的，格外厚实。普通拖拉机以及拖车在森林中行驶时，轮胎里的空气很容易耗尽。因为它们应付的不再是平坦的路面，而需要越过水坑、坑洞、树桩，或者碾压无数锋利的树枝和石头。

大型集材车：还可以更大

由于大型集材车是森林作业里体形最庞大的集材车，所以它们一般都归属于一些货运公司，用来提供运送大量木材的服务。大型集材车的外形会让人迅速地联想到大型的挖掘机或装载机。当集材车满载木材的时候，它的重量会极大地挤压林地的土壤。为了分摊这种压力，它们所配备的轮胎都是又厚又宽。在此基础上，有些集材车还装有履带，这样能更好地保护土壤和土壤下的树根。除此以外，大型集材车与普通集材车一样，需要行驶在经过特别预备的路面上。这些道路通常要用大量的树枝和干柴枝来覆盖。

大型集材车的运行和维护费非常昂贵，并且常常昼夜不停地来回运输。因此，在它的驾驶室顶部常会安装多盏卤素前照灯，用来给夜晚的森林提供全方位的照明。

有望打破纪录

世界上最大的拖拉机

这些还算是拖拉机吗？还是更像没有铲子的挖掘机？许多人看到如此巨大的机器在农田里工作时，都会问这样的问题。

这些超级拖拉机的每个部分都极其庞大。它的后视镜，差不多有这本书两页纸拼起来一样大。要想驾驶它，必须爬上好几级阶梯，才能坐到驾驶室的座位上。这样的巨型拖拉机拥有功率超过500马力（370千瓦）的发动机，重量堪比两辆旅游客车。为了防止车体下陷，它们一般都配备了厚厚的双轮胎或宽履带。

像这样的巨型拖拉机极其少见，因为只有拥有需要耕种的大面积农场时，购置这些拖拉机才会比较划算。例如，在德国东部，你常能看见它们的身影。另外，这些“大块头”还“驰骋”在乌克兰和俄罗斯。在北美，这些巨型拖拉机也被广泛地应用在那里的大型农场里。

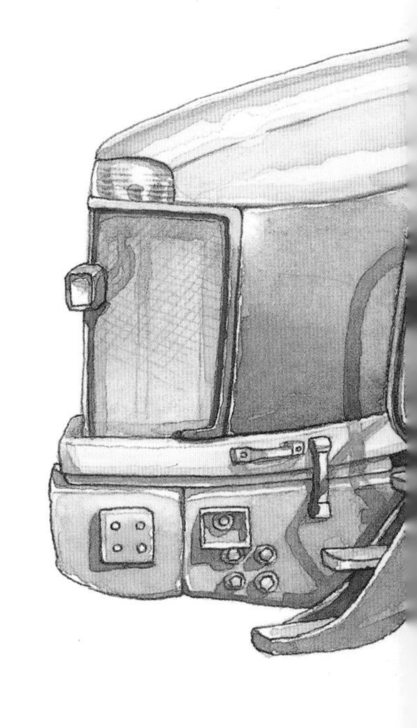

为了让巨型拖拉机能在田地里灵活地转向或掉头，工程师们想出了一个妙招——“扭结转向”，就是把带有发动机和驾驶室的前半段和后半段之间，通过一个扭结连接起来，就像人的手肘或膝盖等关节一样，拖拉机的中部可以弯折。不过，扭结的弯曲角度更大、更灵活。这样一来，拖拉机转弯和转向就容易多了。

一位胖哥们儿

目前，全世界最强大的拖拉机产自北美洲，名叫“Big Bud”，意思是“又大又壮的朋友”。这个名字起得很贴切，因为“Big Bud”的高度

超过4米，长度是高度的两倍多。它的重量有将近50吨，一共需要8个巨型轮胎来支撑。它的发动机也十分庞大，总共拥有16个汽缸，能提供740马力（544千瓦）的功率。“Big Bud”的油箱一次能“喝下”2700升柴油。这些柴油大概能装满20个浴缸！要为它把油装满，起码需要耗费半个小时。

我们可以一起来吗？

一些关于拖拉机的建议

许多孩子都想体验一下坐在拖拉机里的感受，要是还能乘着它出去跑一跑，就更好了！但是，在哪里可以实现这个愿望呢？

你可以和父母把假期安排在一个农场里度过。首先应该确定，你家附近有没有农场呢？你是否认识农场里的农夫呢？无论如何，你都可以问问他，是否可以带你坐一坐拖拉机？如果工作情况许可，他一定会非常乐意这样做。但你必须记住的是：农场不是儿童游乐场，拖拉机不是旋转木马，而其他农用机械也不是玩具。它们都是用来工作的机器，而且很有可能非常危险，特别是对孩子们而言。因此，请一定征得工作人员的允许。

另外一种途径是参观博物馆。在德国，有些拖拉机生产厂家会展出他们的产品，在此，我推荐3家生产商：

——科乐收农业机械贸易公司。公司总部位于德国哈斯文科市，如果你去参观的话，千万不要错过公司内部的科技园，在那里你可以了解整个公司的历史，看到很多联合收割机和拖拉机的模型。

——位于德国曼海姆的约翰迪农公司为来自八方的访客设计建造了一个“约翰迪农展示馆”，在展馆中，无论是最新型的拖拉机，还是联合收割机或者青贮机都会牢牢吸引住你的目光。除此之外，还有一个专供儿童体验的农场也不容错过。

——位于德国马克特奥伯多夫市的芬特公司创建了一个小小的博物馆，在那里你们不仅可以和父母一起参观他们的产品，甚至可以一同坐到拖拉机上亲身体验一下驾驶拖拉机的感觉！

汉诺威国际农机展

汉诺威国际农机展可以称得上是世界上最顶级的农业机械展览会。每两年举办一次。地点是德国的汉诺威市，时间通常是11月。整个展期持续5天时间，在这里可以看到各种规模、各种颜色、不同公司生产的拖拉机。除此以外，还有很多其他农用器械。参展人员往往是来自全世界的生产商、经销商、农场主和一些业内人士。如果你对农机技术感兴趣，你同样也可以来参展——哪怕你还只是个小孩儿。

作者介绍

吉斯伯特·施特罗德勒斯

居住在德国的明斯特市，他是威斯特法伦州利珀地区农业周刊的编辑。除此以外，他还写作儿童读物。

加比·卡弗里乌斯

居住在德国的明斯特市。加比·卡弗里乌斯和吉斯伯特·施特罗德勒斯一起创作的这套讲述现代农业生产的书目前已经被翻译成了英语、法语、荷兰语、瑞典语和波兰语等。

“爸爸，农夫是怎么把稻草卷成捆的呢？”当我们开车经过一片麦茬地时，我的孩子们向我提出这样一个问题。虽然我从小在威斯特法伦州的农场长大，能大致回答这一问题，但说实话，我并不真正了解捆草机内部是如何运转的。为了能更多了解农用机械的工作原理，我对捆草机和其他农业机械进行了细致的观察和研究。然后我把农业现代化机械设备是如何运转的知识分享给小读者们，希望能帮助孩子们了解现代农业，珍惜农夫辛勤的劳作成果。

《忙碌的农场四季》

农夫们总在春季开着播种机在田间地头，播种各种谷物和其他农作物。你知道一台播种机是如何工作的吗？春季和秋季之间，农夫们还会开着肥料车把粪肥运进农田，因为只有在这段时间里，植物才能最快最好地吸收和消化这些肥料。秋天的田野里，联合收割机、马铃薯收割机、玉米粉碎机、甜菜挖掘机隆隆作响。

让孩子了解农场四季的工作，珍惜一餐一饭来之不易。

《万能的农业机械》

在没有拖拉机的农业时代，骡子、驴、马，甚至狗都需要参与到农场的劳作中。这本书向孩子们介绍了第一台蒸汽机、第一部发动机、第一台拖拉机诞生的故事以及 GPS 等新科技在农业机械上的应用，从科技进步看农业的发展。同时，本书还介绍了在森林里工作的集材车、适用于所有情况的乌尼莫克车等特殊功能的机械车辆。

让孩子了解现代农业的发展历史，初识水利电力学的相关技术。

《农业能源的奥秘》

现代化的农业生产中，大型农用机械的运转离不开电能的支持，风、水、潮汐、波浪、太阳，甚至油菜花田、一堆腐烂的树叶、动物的粪便等都可以转化成电能，为机械运转提供源源不断的动力。

让孩子了解现代化农业能源的奥秘，感受人类利用大自然的智慧。

著作权合同登记：图字 01-2019-5578

Was ackert da auf Hof und Feld?: Alles über Traktoren für Kinder leicht erklärt
First published in 2008 – 4th Edition in 2015

图书在版编目（CIP）数据

万能的农业机械 /（德）吉斯伯特・施特罗德勒斯文；（德）加比・卡弗里乌斯图；王思倩译 . -- 北京：天天出版社，2021.11
（田野里的机械工程）
ISBN 978-7-5016-1746-3

Ⅰ . ①万… Ⅱ . ①吉…②加… ③王… Ⅲ . ①农业机械 – 儿童读物 Ⅳ . ① S22-49

中国版本图书馆 CIP 数据核字 (2021) 第 188293 号

田野里的机械工程

忙碌的农场四季

[德] 吉斯伯特·施特罗德勒斯 / 文
[德] 加比·卡弗里乌斯 / 图
王思倩 / 译

人民文学出版社 天天出版社

目录

农场上的得力帮手

拖拉机

无论是播种还是收获，施肥还是割稻草，拖拉机是农场里真正的全能型选手。它既能转动工具，又能举起重物；既能拖拉，又能推动农场上几乎所有的东西，比如：犁地机、施肥机、秸秆打捆机、播种机、倾翻拖车等。

驾驶室的作用是保护驾驶员免受风吹日晒雨淋。除此以外，还能屏蔽一部分拖拉机发动机的轰鸣声。几乎所有的拖拉机都只用柴油当作燃料。一方面是因为柴油比汽油更加便宜，另一方面是柴油发动机的耗油量明显低于汽油发动机。

一般拖拉机的油箱容量大约是200—250升，大型拖拉机的容量可以高达400升。这些燃料能保证拖拉机在田地里持续大概20—25小时的繁重作业。对于类似翻翻干草或是牵拉轻型小拖车这样的简单操作，拖拉机的耗油量就会大幅减少。因此，同等油箱容量的燃料可以支持拖拉机轻松工作大约35—40小时。许多拖拉机都是四轮驱动的，这意味着，拖拉机的前后轮都有驱动力。这样更有利于拖拉机在田地里行驶。它既能像蜗牛一样，以极慢的速度向前爬行：差不多每小时20米；也能以高达每小时50公里的速度非常灵活地奔跑。对于一辆动力强劲的拖拉机而言，从发动到每小时50公里大概只需要10秒的时间。

十个班级的重量总和

拖拉机的高矮、长宽和重量各不相同。大多数车型都高达3米左右，长4.5—5米，宽2.5米左右。普通拖拉机平均重量为7500公斤。这差不多对应的是10个班级、每班25个孩子、每个孩子30公斤的重量总和。

为什么拖拉机有那么多变速挡位？

一辆汽车通常有5个前进挡和1个倒挡。一辆公路自行车有7、18或者21个挡位。但拖拉机的挡位比它们都要多。其中有的拖拉机竟然分别拥有36个前进挡和36个倒挡！根据拖拉机在农田里从事的不同种类的工作，它需要用不同的速度来适应各种工作的要求。比如，采摘工作的速度就与播种的速度不同，施肥的速度又与为秸秆打捆的速度不同。一些非常先进的拖拉机，已经不再需要传统的变速杆来调节挡位了。取而代之的是所谓自动挡位，就像现在比较常见的自动挡汽车一样，只需要一根操纵杆，就能实现无级变速驾驶。驾驶员不再需要手动操作变速杆切换挡位，只需要按动按钮，就能使拖拉机从蜗牛的爬行速度加速到能在公路上行驶的速度。

在拖拉机尾部有一个拖车连接器，可以直接连接自动卸货车、撒粪机以及其他工具车，用于牵拉拖动。而犁、耙、播种机等还需要被往上抬举或是往下放置。这一类工具就必须与起重装置连接在一起。起重装置指的是拖拉机尾部的两根带钩的长杆，它能根据需要，像起重机一样抬起或放下重物。当犁与它相连时，起重装置能把犁悬空托起，当拖拉机驶入田里，农夫就可以操作起重装置，使它下降并带动犁慢慢犁入土地中。还有另一类工具是具有播撒功能的，比如撒肥机、撒粪机等，这些机械需要与拖拉机尾部的动力输出轴相连。当农夫启动动力输出轴时，拖拉机的发动机就开始驱动输出轴，进一步驱动与它相连的工具实现播撒的功能。

“液压”是什么意思？

只要动动手指头，按个按钮，拖拉机前端的装载机就能自动向上抬举了。再动动手指头，按另一个按钮，位于拖拉机尾部的装置就可以用它的两根金属臂把播种机举起来了。如果有人问，这样的功能是如何实现的，他应该立刻会听到一个奇怪的词：“液压”。这又是什么东西呢？别急，一个简单的小实验就能让你找到答案。这个实验需要一个水杯、一根细橡胶软管和两支在药房就能买到的医用注射器——但不需要针头。首先，用软管的一头紧紧套住其中一支注射器的注射口，把软管的另一头放进装满水的杯中。随后，拉动注射器的活塞，让水通过软管注满注射器，同时让另一支注射器保持没有空气的状态。现在，你们可以把两支注射器通过软管连接在一起了。不过请注意，在这个过程中，别让软管里的水流出来。

接下来，请你推动第一支装满水的注射器的活塞。发生什么了？水居然通过软管被挤进了空的注射器中，还把那边的活塞一点点往外推出去。这就是“液压”这个词的含义：通过液体传递力或能量。根据这个原理，液压装置也被用在拖拉机上。但是，在其中流动的不是水，而是油。油通过发动机、液压泵，通过管道被泵到管道的另一端，推动那里的活塞运动，正如我们实验中那样。活塞的动力能举起前端装载机、播种机或者让拖车向后倾倒卸货。

如何在田里播种

播种机

农夫们总是在春季和秋季开着播种机去田间地头。在那里种下各种谷物、油菜籽和其他农作物。那么，这样的一台播种机是如何工作的呢？

第一步是松土。这项任务首先由陀螺旋转器来完成。陀螺旋转器由两片厚厚的金属片组成，金属片飞速旋转并且同时像一根搅拌棒一样插入地下。旋转器的正后方是碾压轮，它的作用是把前方搅拌起来的大块泥土压碎并且让地面变得平整紧实一些。大量的种子被存放在种子箱中，种子箱的形状像一个漏斗，这样有利于种子向下滑动。当种子滑到种子箱的底端，也就是漏斗最细的开口处时，会落到整齐排列、能转动的排种轮上。排种轮一边转动，一边把种子均匀排列开来，与此同时把一颗颗种子匀速往下推入输种管，进入输种管以后，种子会被继续向下输送给开沟犁。开沟犁的作用，顾名思义，就是在拖拉机的拖动下，在已经松好并压平的土地上划开一条窄窄的沟，一颗颗种子从输种管落下来后，正好能落到沟内。与此同时，一根覆土镇压刷——实际上是播种机尾部的一根金属杆——会刷过刚刚被挖开的沟，为的是在种子上盖上土并且压实地面，这样播种就完成了。接下来种子能否茁壮成长，就要看是否有足够的水和养分、适宜的温度以及充足的阳光了。

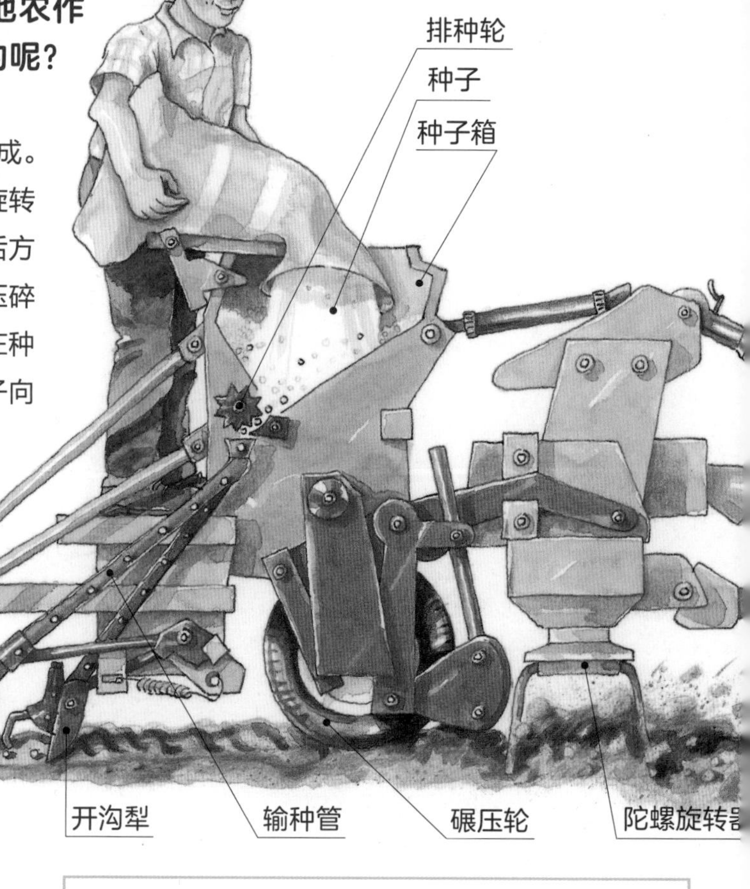

排种轮

种子必须整齐地排列种植在田地里，不能太多，也不能太少。排种轮可以高效地实现这个目标，排种轮在转动的过程中，能用它遍布全身、大小不一的槽齿接住从种子箱里掉下来的种子，并且按照种子的大小分类排列。轮边最大的一排槽齿对应较大的谷物种子，其他比较小的槽齿是用来给草种或油菜籽分类的。当轮转动得慢时，种子就种得慢；当轮转动得快时，种子就能相应地快速通过输种管，掉入田里。排种轮是经由一根金属杆通过碾压轮的转动来驱动的，转动的速度到底应该快还是慢，需要农夫在撒种前就设定好。

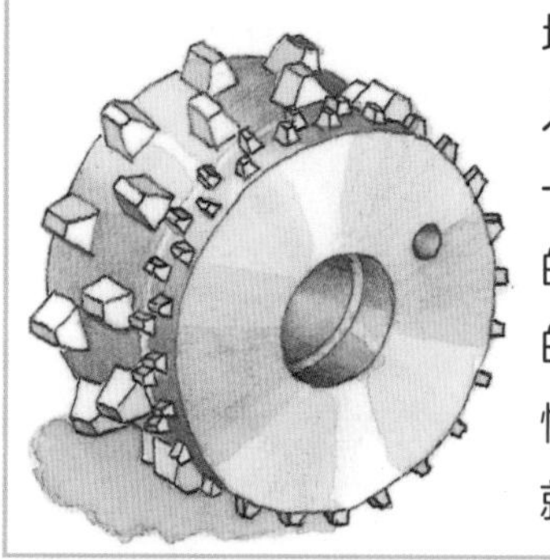

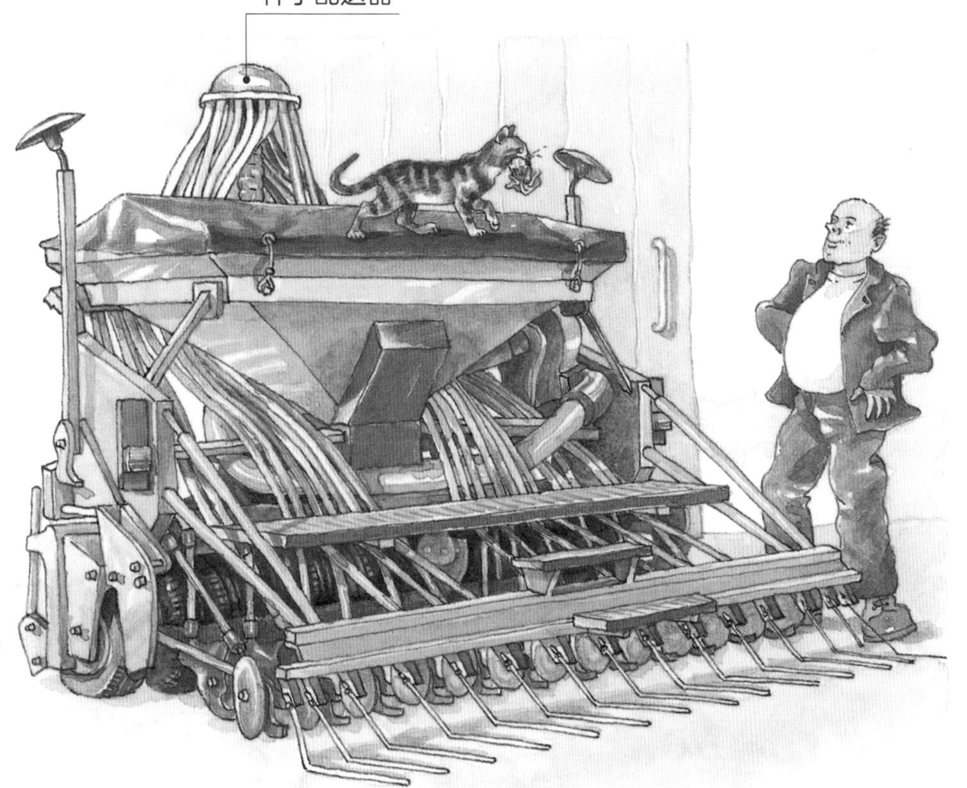

播种机上的水母？

农夫快要发动播种机了，猫妈妈快速地把小猫叼到了安全的地方。播种机看起来好像被一只巨大的水母紧紧吸住了。但如果你仔细观察，就会发现，它不是一只水母，而是一个配送器。由于这种大型播种器需要一次性同时种下几十排种子，因此，从种子箱落下的种子会首先被吹入配送器中，配送器负责把种子送进排列成排的输种管中，最终种子会被整齐地种到耕地里。

白色的花朵， 黄褐色的块茎，（几乎）每个人都喜欢它。你猜到了吗？我们说的是马铃薯，也就是土豆。通常每年的四月是种植马铃薯最好的时间。

马铃薯植株所需要的生长空间，比玉米甚至黑麦还要大。因此，只有在栽种过程中掌握好每两颗马铃薯之间最适宜的距离，才能保证最后有丰盛的产出。另外，放在土里的马铃薯种还需要很好地被泥土覆盖住，才能茁壮成长。这些要求只需要一辆高效的马铃薯种植机就能全部满足了。首先，“松土”的工作由拖拉机后部的尖头耙来完成。它的后面紧跟着垄沟犁，垄

坐电梯的马铃薯

马铃薯种植机

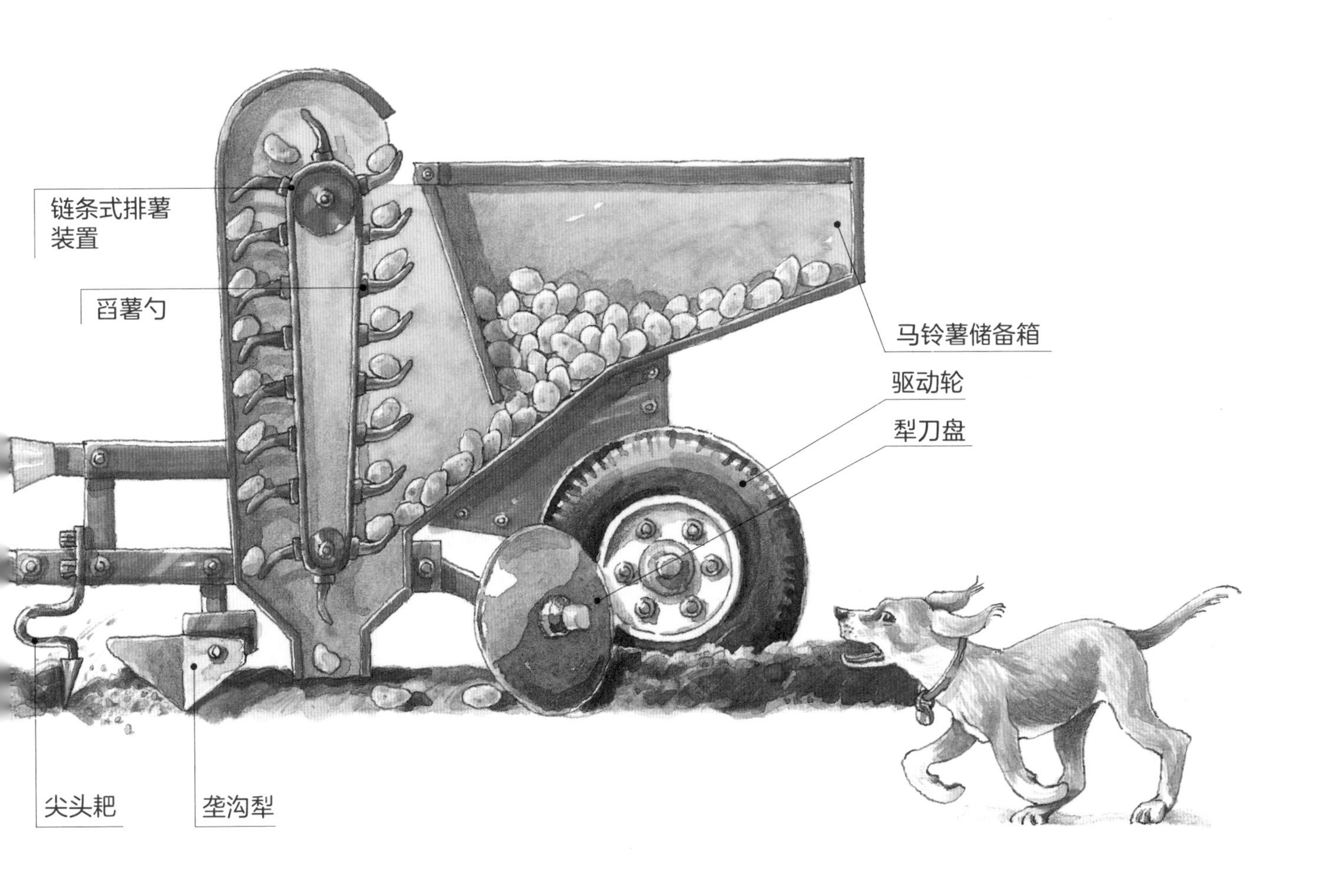

沟犁的任务是随着拖拉机的牵引，在农田里犁出一条又深又长的垄沟。此时，马铃薯种堆放在更后方的储备箱里。储备箱内部的斜坡形构造使马铃薯能直接通向箱底。箱底的洞每次只能容纳一颗马铃薯通过。进入洞口后马铃薯会排成一排，一个接一个被列好队的小勺子接住。这些勺子和小孩子的手差不多大，悬挂在一条厚实的传送带上。这种传送带一般由皮革或橡胶制成，非常坚固，因此运行起来也十分稳定。

传送带首尾相连，装配在一上一下两个齿轮上。当齿轮转动时，带动传送带定向运动，从而利用勺子把马铃薯从储备箱一侧运送到出口一侧，一个个落入垄沟里。绝大多数马铃薯种两两之间的距离都保持在35厘米左右。

马铃薯种植机后部有两个金属材质的圆形犁刀盘，它们被略微倾斜地安置在后轮的两侧。当拖拉机开动时，圆盘的作用就是划过垄沟两边的泥土，扬起并推动这些泥土覆盖垄沟里的马铃薯种。这样一来，马铃薯种植机开过的土地，就会留下一排排长条形的土堆，土堆下面静静地躺着马铃薯种，在这样的环境下，它们能很好地发芽和生长。

一分耕耘，一分收获

玉米播种机

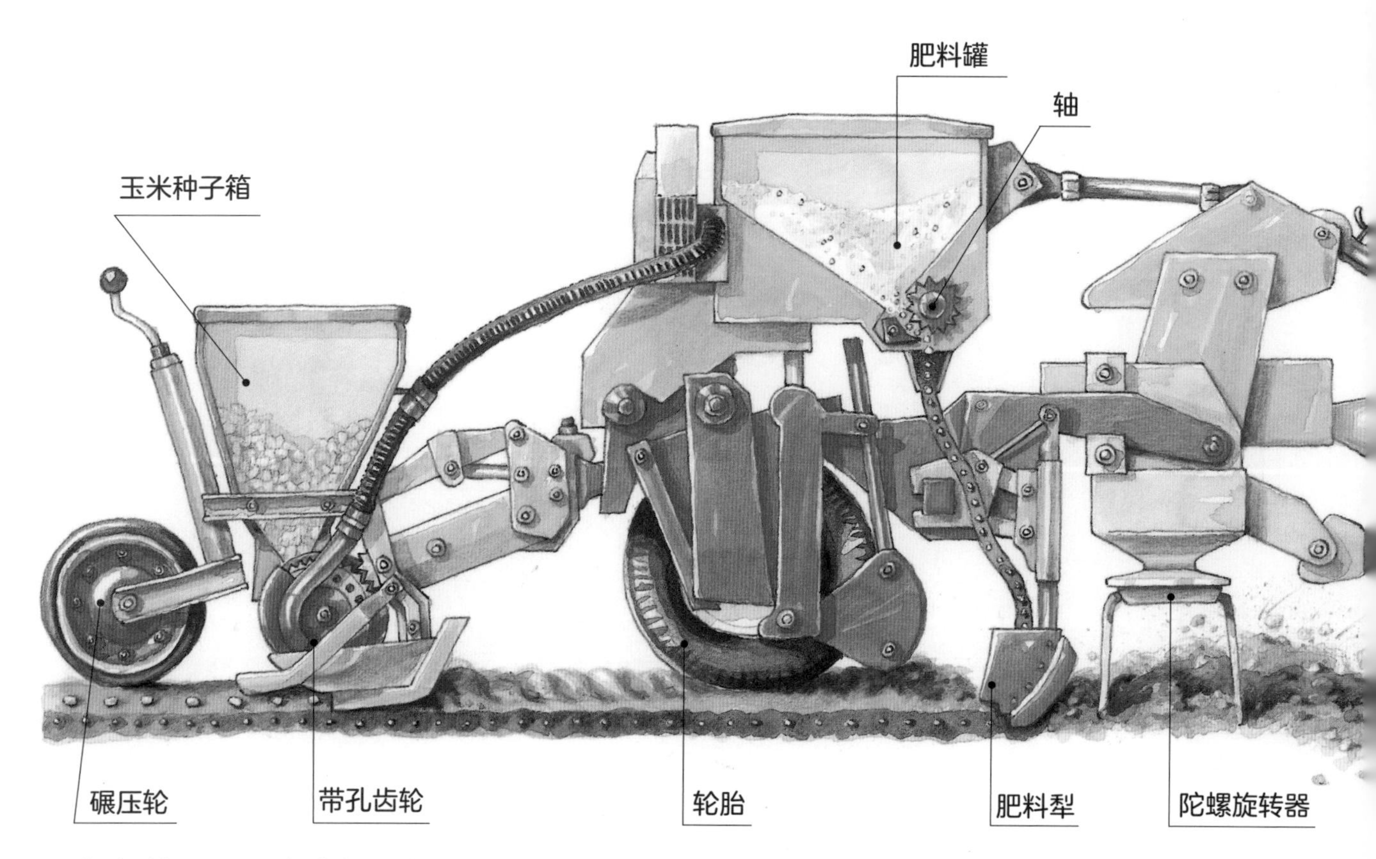

每年的四月是农夫们最忙碌的日子，他们需要夜以继日地在田间播种玉米。这些黄色的玉米种子虽然看着不起眼，但到了秋天，它们就会长成高大的玉米植株。

玉米植株的生长需要许多空间——无论是向上还是向周围。为了让它们能茁壮成长，需要播种时就在种子之间留够足够的距离。为此，玉米播种机最核心的任务就是将金灿灿的玉米种子一颗接一颗，按照设定好的最优距离放到土地里。在放下玉米种之前，还会先铺撒一些肥料，这样玉米“躺在”肥料上能更好地生长。但在一切工作开始之前，我们首先要松土，这项工作会交给陀螺旋转器来完成。它由两块可以插入土中的金属板构成，随着旋转器的快速旋转，泥土就好像被“搅拌”起来一样，土就松开了。第二步是施肥，肥料被制成很粗的颗粒，预先放在肥料罐中。肥料罐内的下方出口处，有一些并列排放的齿轮，一根长长的驱动轴穿过这些齿轮，并带动它们旋转。随着齿轮的旋转，一颗颗肥料被齿轮带动着，从肥料罐来到一根管道中。管道另一头固定在一个金属材质的肥料犁内。当肥料犁把土地划开之后，管道中的肥料颗粒就正好撒落在犁好的土沟里。随后，轮到肥料犁后面的轮胎上场了。当它压过土地时，可以把刚刚撒下的肥料颗粒碾平并且打散，使它们更均匀地和泥土混合为一体。

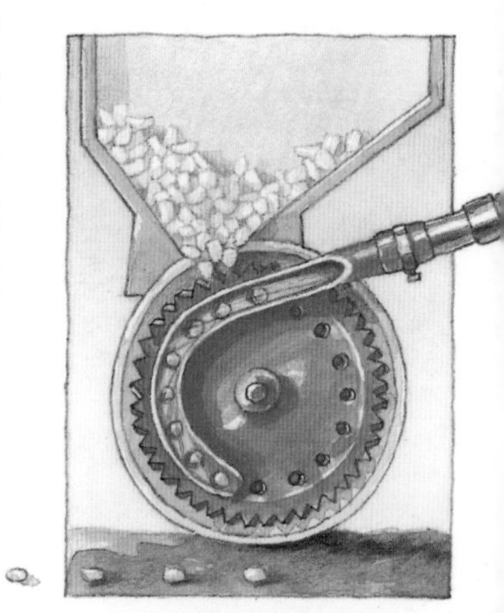

播种机后半部分所要完成的任务与前几步类似——只不过撒在地里的不是肥料颗粒，而是玉米种子。因此，接下来轮胎后方的第二个开沟犁需要又一次划开地面。然后，玉米颗粒被一颗颗放置在犁沟里，正好躺在之前撒好的肥料上。最后，碾压轮开过之后，会把泥土覆盖在玉米种子上，并且略微压实一些，就大功告成了。

但是，等一等，这样就完成了吗？你会不会问：最重要的一步难道不是把玉米种子按固定距离放在地里吗？这一步是怎么实现的呢？

藏在齿轮中的秘密

根据吸尘器吸起尘土颗粒的原理，种子箱里的玉米粒也可以被这种吸力吸入箱子下方的齿轮里。这种特殊齿轮的内圆周里分布着一圈均匀的小孔，一个孔的大小与一颗玉米粒的大小一致。当齿轮开始工作时，这种吸附力就会把玉米粒吸入相应的小孔中。齿轮在向前旋转的同时，带着被吸附的玉米粒转动到齿轮下方。在接近地面的位置，玉米粒失去吸附力的作用后，就会从孔中一粒粒均匀地落到地面的犁沟中。

这种用于排种的带孔齿轮是可以拆换的。不同齿轮里的小孔分布也会根据需要有所区分。当小孔之间距离较大时，玉米粒在田中的排布就会稀疏一些；当小孔之间距离较小时，玉米粒在田中的排布就会更紧密一些。

散发着臭气的桶

粪肥车

对于植物来说，粪肥是一种宝贵的肥料。这就是农夫们会在春秋季之间，用肥料车把粪肥运进农田里的原因。

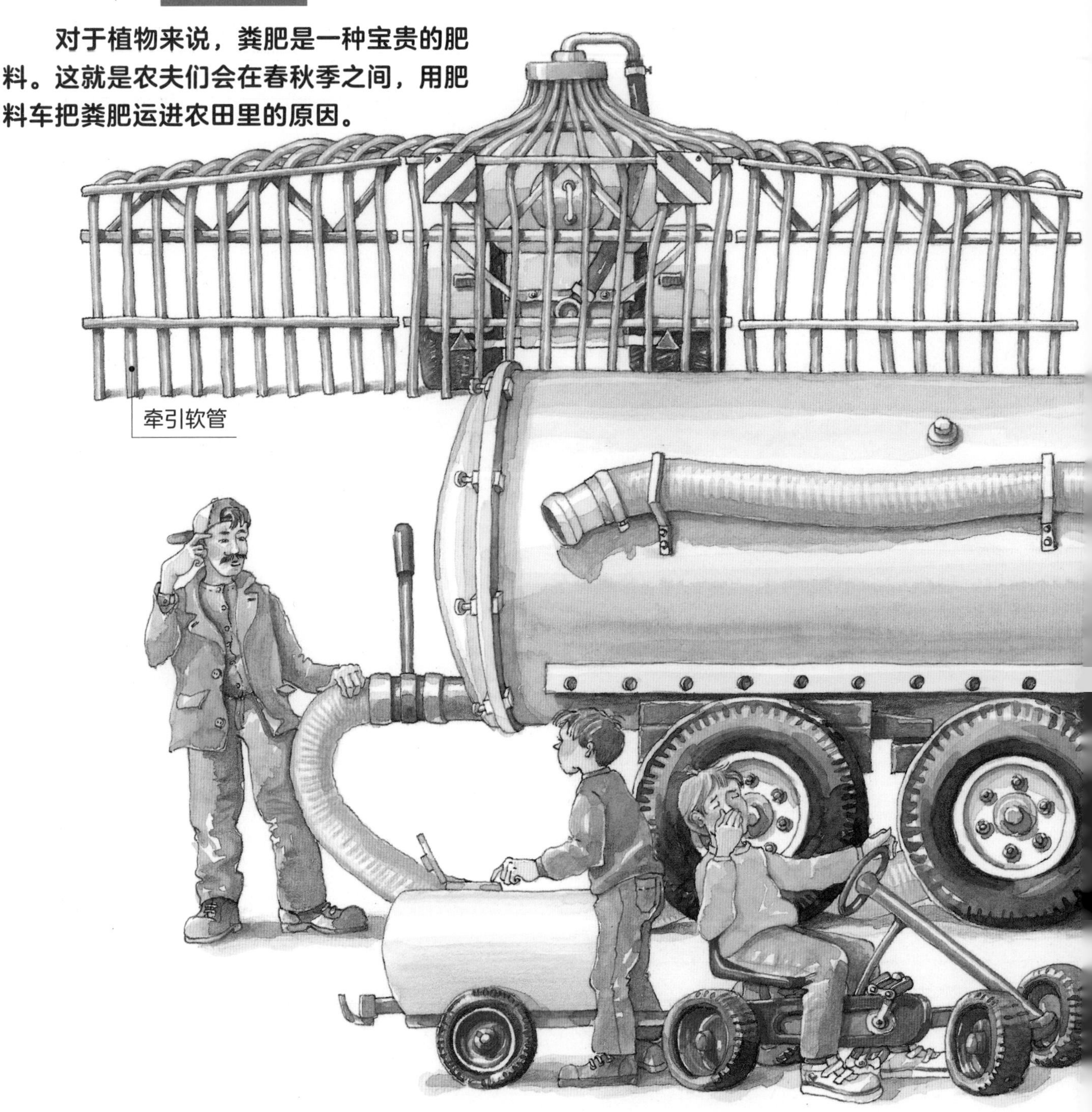

粪肥仓是用来储存牲畜粪便和尿液的地方，旁边通常会停靠着粪肥车。仓中的粪肥会通过一根又粗又长的管道被泵入粪肥车里。车被装满以后，农夫就能把它开到农田或是草场上去施肥了。

过去的施肥方式十分简单粗暴，就是把粪肥泵出以后，利用离心力抛向空中，撒向四方，气味闻起来“相当浓郁”。如今，粪肥通常都是直接用多根软管分撒在土地表面。它的工作原理是这样的：粪肥车后方竖直固定着一个又高又宽的支架，支架上悬挂着密集的软管，这些软管的一端全部连向粪肥车，而另一端都靠近地面一字排开。粪肥车一端负责把粪肥泵入软管里，在另一端，粪肥从软管中缓缓流淌出来，浇撒在田间的植物上。对于那些结束收割以后，田里布满余留残株的田地，农夫们有时会使用特殊的粪肥车。在这些车的软管后

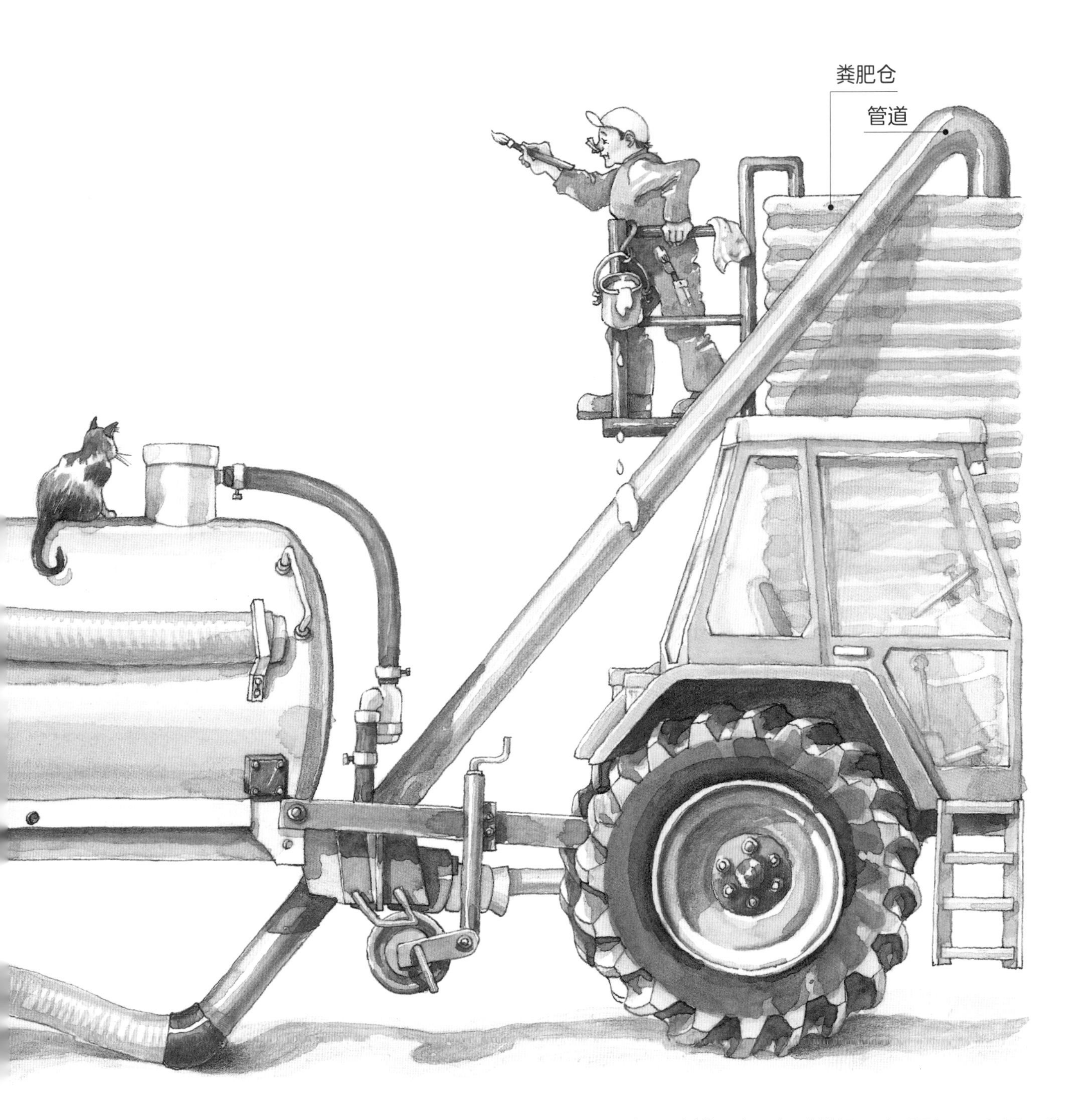

面跟着一排松土耙，它们划过地面时能把粪肥和耕地混合在一起。这样一来，气味就没那么强烈了。在另一种特殊的粪肥车上，一根根软管被分别插入一些特殊的金属套管里。这些坚硬的套管先把草场上的草推向两边，紧接着，粪肥通过软管喷撒到地上。之后，还跟着另一根套管，再把分开的草推回去。

臭水、粪便和粪肥都一样吗?

臭水、粪便和粪肥中都含有农场动物的排泄物。这三种物质虽然看起来和闻起来都十分相似，但它们实际上是有区别的，粪肥是直接在牲畜的圈里收集而来的。动物通常会被饲养在一种有缝隙的地板上，粪便和尿液通过缝隙流到地下，然后被慢慢收集并储存在粪肥仓里，最后用粪肥车把它们运到耕地或草场施肥。粪肥虽然闻起来臭，却是很好的肥料。农夫们和负责施肥业务的承包商们会确保运出的粪肥的分量正好是植物生长所需要的。因为太多的粪肥反而会损伤植株，污染土壤和地下水。施肥工作只能在春季和秋季之间进行，因为只有在这段时间里，植物才能最快最好地吸收和消化这些肥料。

臭水=动物尿液
粪便=动物粪便+稻草
粪肥=动物尿液+动物粪便

夏季——收获的季节

联合收割机

夏季的田野，放眼望去是一片金灿灿的丰收景象。此时的麦穗个个饱满，里面的麦粒已经发硬，这就意味着，收割的时刻到来了。此时干活的绝对主力——联合收割机登场了。联合收割机不仅能独自完成收割庄稼的任务，还能同时从麦穗中打下麦粒，并且把收割完的秸秆扔回田里。

联合收割机最前方的根茎整理器首先将车前的植株等分别梳理开。随后，巨大的拨禾轮会把面前的禾秆压入轮下，同时把它们往里拖拽进入切割器。拨禾轮正下方的切割器内部装有很多小型刀片，这些刀片飞快地来回移动，当禾秆被拉入的同时就会立即被切断。一根横向的螺旋长轴——我们称它为“搅龙”——在转动过程中把禾秆拉入收割机内部，送往牵拉传送带的下端。这根传送带表面布满齿片。随着传送带从下向上移动，齿片就能钩住禾秆，把它们送往下一站：打谷篮。打谷篮是一块曲面金属板，板上布满孔洞，因此看起来像个篮子。打谷篮上方的脱粒滚筒上布满金属条。随着滚筒的旋转，谷物颗粒被金属条从谷穗中击打出来，正好落入打谷篮的孔洞中，被暂时收集在篮下的预备板上。与此同时，被击打后的秸秆被推往后方的振动筛。振动筛由多根长条型的金属筛连成阶梯形。此时的秸秆中还存留着少量谷粒。因此，随着振动筛来回地强烈振动，秸秆上剩余的谷粒继续抖落下来。处理完的空秸秆被推向收割机尾部，掉落到收割完毕的田地上。那些抖落下来的谷粒呢？它们穿过振动筛的孔洞，落

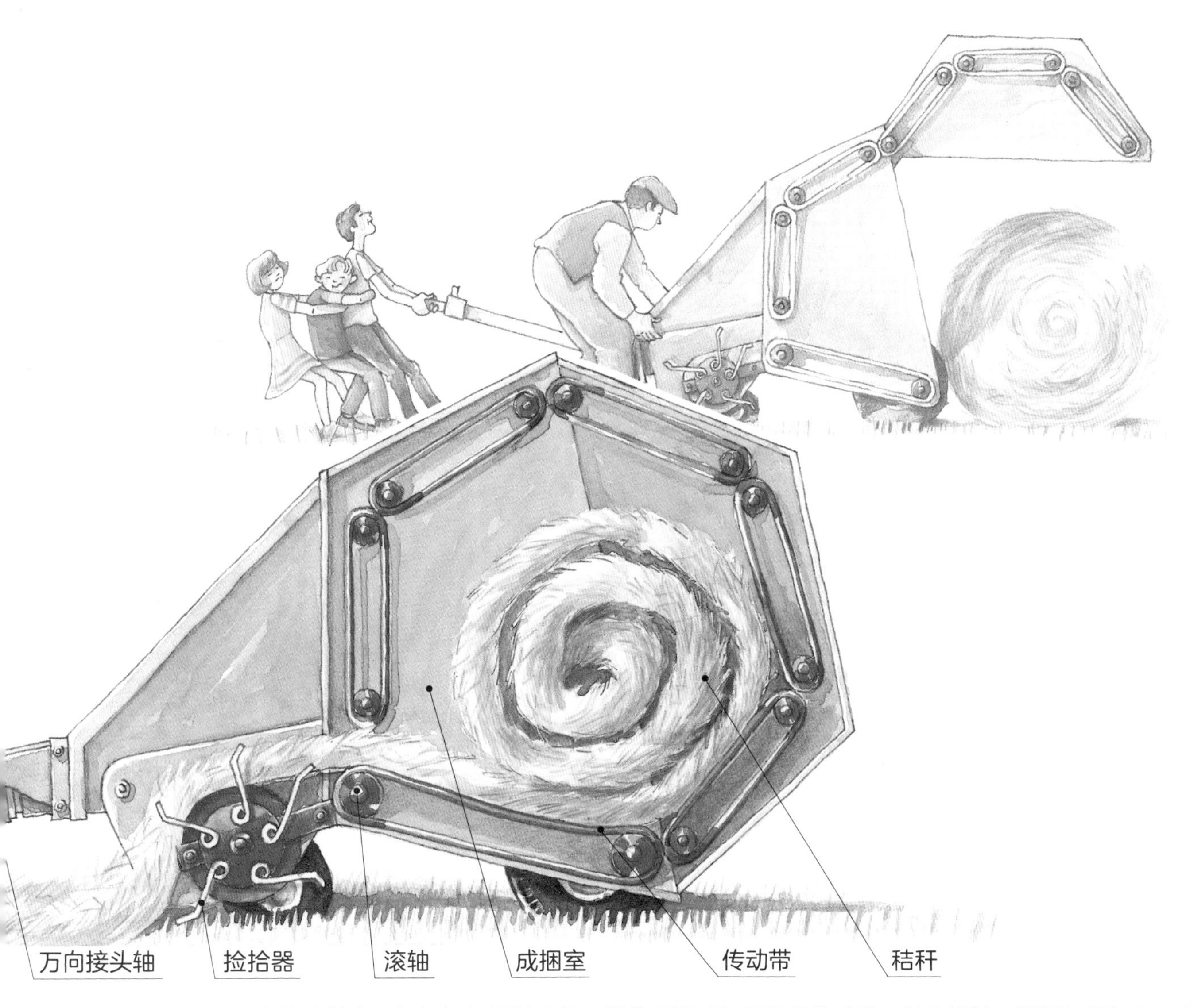

拖拉机通过万向接头轴向圆捆打捆机输送动力，以此来驱动打捆机的传动带、轴和滚轴。圆捆打捆机有一个装有弹齿的捡拾器。捡拾器刮擦地面，抓起地上的秸秆，抬起后推入打捆机内部，直接送到成捆室。成捆室内壁安装着数条首尾相邻的传动带，它们看起来像是又粗又宽的橡皮筋。每一根传动带都分别被两个滚轴绷紧，滚轴的转动带动传动带工作。少量的秸秆在成捆室内被传动带拖动起来，一开始是比较松散地转圈，成为秸秆芯。随着秸秆源源不断地被推入，秸秆芯越滚越大，被周围的传动带越压越紧。当圆捆成形后，机器会用纱线把它捆紧。这样，圆捆就不会散开了。最后，机器的后盖打开，圆捆自己滚出成捆室，滚到地面上。

圆捆打捆机也可以如此运作

一开始，秸秆芯在这种圆捆打捆机中转动。不同之处在于：压缩间里只需要唯一的一根传动带，这根传动带被巧妙地缠绕在多个滚轴上，有的滚轴是固定的，有的是可活动的。随着秸秆芯越裹越大，有些滚轴开始自动移动位置，传动带也随之改变轨迹。

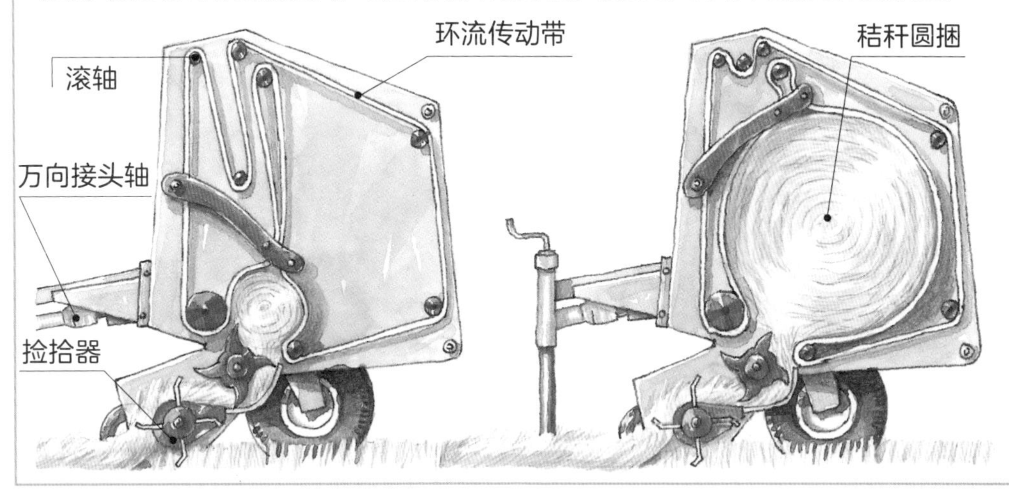

秋天——马铃薯的季节

马铃薯收割机

森林五彩斑斓，田野金光灿灿，秋天的脚步临近了……

在德国，有一首关于秋天的古老民谣是这样唱的："白天变短了，叶子变黄了，风儿摇动着树，现在是风筝飞舞的最好时机……"但是，过去生活在乡下的孩子们，在这个时节却几乎不可能有时间放风筝，因为他们必须帮忙收割马铃薯。他们甚至因此而不用上学，这段特殊的时间被取名为"马铃薯假期"。如今，孩子们不仅可以放风筝，还能享受许多其他游戏带来的快乐。因为这项繁重的劳动已经可以由拖拉机和马铃薯收割机合作完成啦！马铃薯生长在一行行条形的泥土堆下，这是由于泥土一开始盖住马铃薯种，后来慢慢被长大的马铃薯植株拱起来所形成的田垄。这些田垄在秋天马铃薯成熟的时候被拱到最高，因此非常容易辨认。当马铃薯的茎变得又灰又干燥，而且皱巴巴收缩在一起时，收获的季节就来到了。

马铃薯的用处?

土豆泥、薯条、薯片……这些食物都是由马铃薯制成的，马铃薯还能用来制作淀粉。同时，它还可以作为另外500多种产品的基本原料，比如糨糊、纸张或者可分解塑料。

收割机是这样把马铃薯从土里挖出来的

拖拉机牵引着收割机来到马铃薯田里，根据收割机的宽度，可以容纳一垄或多垄马铃薯同时进入收割机内。收割机前方的犁像一个平整的大铲子一样，插入土地，顺着垄向前延伸

的方向，把一整条垄，也就是把地底下的马铃薯植株连带泥土一起铲起来，送入犁后方的滚轮下。滚轮两侧是两片锋利的圆盘犁刀。滚轮和犁刀合在一起的作用是：滚轮负责压住前方送来的马铃薯植株，两侧的犁刀就可以顺势切断垄两侧连着马铃薯的茎叶。滚轮的后方是收割机的传送带，也就是所谓筛网传送带，它把整条垄，连带着马铃薯，全部拉向高处，一边传送，一边抖动，进行筛选。大量的泥土透过筛网被抖落回田里。留在筛网传送带上的除了马铃薯以外，还有混在一起的茎叶以及坚硬的土块和石头。此时，安装在传送带上的振动杆、敲打杆、茎叶摘除杆以及第二条筛网传送带同时作用，为的是能清除更多的杂物，尽量保证只有马铃薯被继续向前运送。最后，那些仍然难以被清理干净的马铃薯茎叶会被星形滚轴上的齿钩往下拉扯并扔回地面。

马铃薯继续由陡带向上运输，但它们中间有时还是会夹杂着一些石头。这些石头要么会被自动挑拣出来，要么会被运送至收割机上面的分拣传送带，进行人工筛选。在那里，不仅有石头，还有一些已经腐烂的或者还未成熟的马铃薯，甚至骨头、金属盖子等千奇百怪的东西，也会被分拣出来。接下来，传送带继续向前运送合格的马铃薯。它们要么被运往收割机顶部的贮藏仓内暂时存放，等存满后，就全数让拖车运走；要么通过一根转移传送带，让马铃薯直接滚入收割机旁的另一辆拖拉机的拖车里。

把一切都切得粉碎

玉米粉碎机

秋天的田野里，玉米粉碎机隆隆作响。它们正在忙着把高大而又坚硬的玉米植株粉碎成小块。要做到这一点，需要花的力气可真不小呢！

一台玉米粉碎机能够同时切割多达14列玉米秆。这幅图向我们展示了一台粉碎机前面的分禾器的构造，它能同时排整六列玉米秆，保证后续操作的顺利进行。那么，这些机器是怎么粉碎又高又坚硬的玉米秆的呢？首先，割秆盘把玉米秆从底部割断。这些割秆盘是金属材质的，外形像圆圆的盘子，圆盘的边缘就是刀锋，刀片在割秆盘旋转的过

程中进行切割。接着，一根根倒下的玉米秆被牵拉链紧紧钩住，拉入机器中。在后面等待的几个牵拉轧辊接过玉米秆，通过挤压茎秆，使玉米秆不再那么坚硬。随后，将玉米秆推到切割滚筒上，最关键的一步开始了：这个粗大的滚筒上布满了锋利的刀片，这些刀片在快速旋转的过程中，把整个玉米植株剁得粉碎。

一个切割滚筒的直径大约是60厘米，厚度几乎和直径一样。它的重量有300公斤，差不多就是七头小牛加在一起的重量。但请放心，滚筒被牢牢固定在粉碎机里，并且还能在一分钟内旋转一千次。

有少数玉米粒能侥幸逃过切割滚筒的强大攻势，但它们却逃不过在后面蓄势待发的两个钢制滚轴。通过它们的相互挤压，玉米粒被压扁、切碎。因此，它们得名为：破籽机。破籽机的表面布有凹槽，而且下方的滚轴速度要比上方的快。这样可以保证剩下的、较大的叶片或茎秆块被分开并撕碎。接下来，又轻又小的碎片就能被鼓风机吹起，通过卸料弯管喷送到外面，最终落入一直与粉碎机并排行驶的拖车中。

田里的“糖”

甜菜挖掘机

你相信吗？雪白的糖，是来自“脏兮兮的”泥土地。尽管这听起来不可思议，但却是千真万确的。当然啦，田地里不会直接生长出一颗颗糖块。但特别肥沃的土地里却能产出一种叫甜菜的植物。制糖厂就是从这种植物中提取糖分的。这些糖会被继续加工制造成其他产品，比如方糖、冰糖、砂糖等。

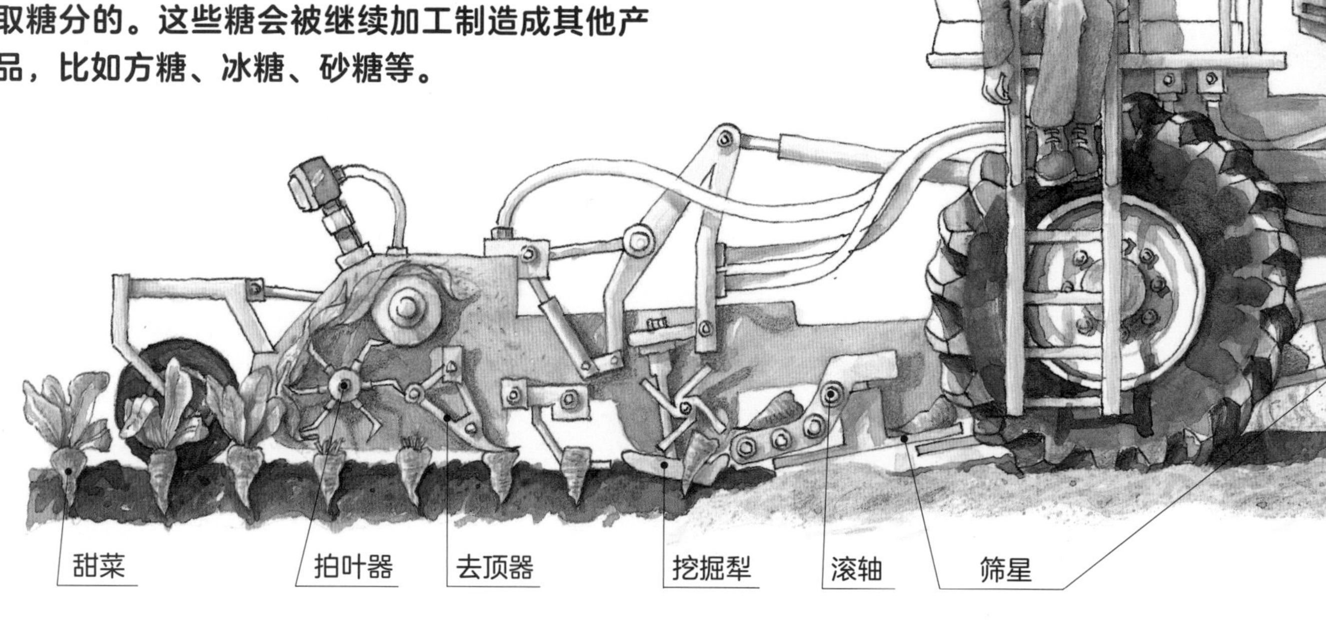

秋天，农夫们收割甜菜后，会把它们运到制糖厂里。甜菜的收割从九月开始，通常会持续到圣诞节前结束。在这个过程中，就数“甜菜挖掘机”劳苦功高。它能同时进行五项工作：拍打清除甜菜叶、给甜菜去头、把它们从土里挖出来、清理干净，最后装车运走。

第一步是击打叶片，将其拍落。挖掘机的前端安装了一根带有多块厚橡胶片的轴。从正面观察，它们看起来就像是几个巨大的苍蝇拍，因此我们叫这个装置为拍叶器。当轴快速旋转时，橡胶片就转动起来，大力拍落甜菜叶。在拍打过程中，叶片被拍碎，并被甩入田中。农夫可以用它们当作肥料，翻耕的时候，埋到土里。去顶器的作用是切去甜菜顶部剩余的叶茎。收割机的操作人员必须注意：去顶器既不能切得过少，也不能切得过多。如果切得太少，甜菜上还有叶茎，制糖厂会不满意，因为他们想买的只是甜菜，而不是多余的叶子。农夫交了不合格的产品，得到的钱就少了。如果切得太多，甜菜有损失，农夫们就会不满意，因为被多切走的部分也是能卖钱的。

挖掘犁的作用是把甜菜从土里挖出来。这种犁的形状像一个倒着的“V”字，它的开口向前，插入土中大概一指深。这样的开口构造能把甜菜

几个孩子才能把这个巨物团团围住？

甜菜挖掘机是农业机械中的巨人。即使是联合收割机，和它相比，也会显得个头很小。到目前为止，最大的甜菜挖掘机高达4米，宽至3米，长超过15米。要让大家手拉手围住这样一台巨无霸，最少需要40个孩子。

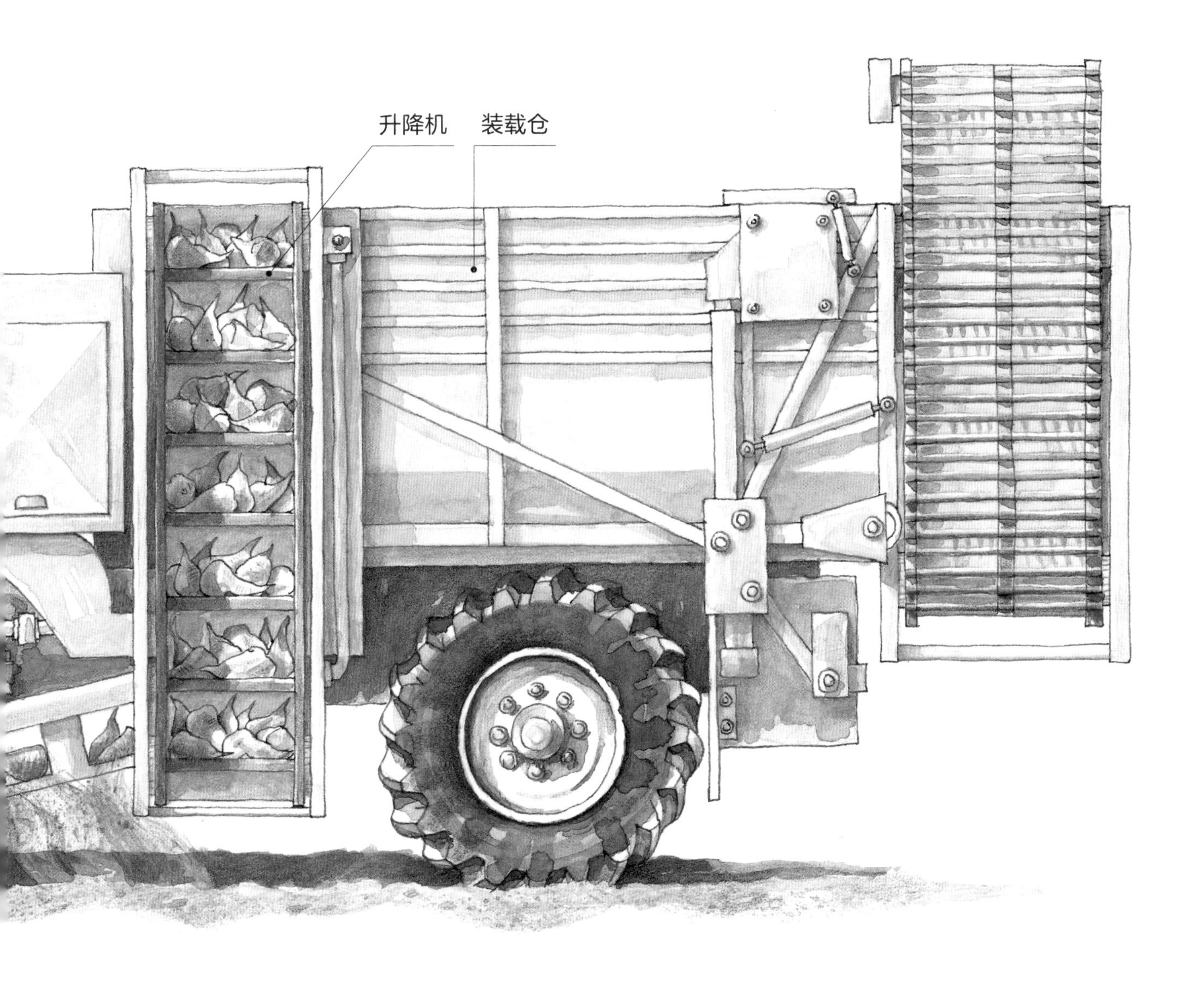

轻轻抬起。借助挖掘机向前行驶的动力，甜菜就能够顺势被挖出来并且滚向后方。

把这些甜菜继续向后输送，就需要借助筛星。筛星上四散开来的多根金属条，从上面看起来就像星星在散发光芒。筛星转动起来，就把一个个甜菜推向后方。滚轴传送带和筛星在转动过程中，可以顺便把甜菜清理干净。

升降机的作用是把清理完毕的甜菜向上运送，放进装载仓。这样的一个装载仓大概能容纳40立方米的甜菜——这差不多和一个普通的儿童房一样大！当装载仓装满以后，挖掘机会驶向田边卸载这些甜菜。之后，甜菜就被运送到制糖厂去了。

当甜菜挖掘机完成它的工作后，所有的甜菜都堆在田埂边，就像一条小山岭。

这时，一只“老鼠”来了，甜菜农夫们都是这么称呼这台清洁装载机的。它能清洁甜菜，并且将甜菜装车。

清洁装载机的大小跟甜菜挖掘机差不多：3米宽，4米高，最长能达12米。为什么这么巨大的机器偏偏叫作“老鼠”呢?农夫们之所以给它起这个外号，是因为它能灵巧地在“甜菜山”的一角勤奋地“啃食”甜菜——就像一只老鼠。它能在几分钟内就把拖拉机后面的拖车装满。这些活儿要是交到一个农夫手里，需要耗费好几个钟头。清洁装载机的前端排着好几行螺纹滚轴。滚轴能使底部的甜菜动起来，并把它们推向滚轴中心的出口。甜菜堆顶部的甜菜并不总能自动滑下来。因此，“老鼠的前面还能伸出一条长着滚筒的长臂”。滚筒一边

“老鼠”来收割

清洁装载机

降到甜菜堆上，一边旋转，划拉着甜菜往下滚，然后进入清洁装载机。一条长长的传送带运送着甜菜贯穿整部机器。在这个过程中，甜菜被来回抖动并刷去泥土，泥土被抖落回地面。处理完毕的甜菜最终抵达拖车，被送往制糖厂。

一头奶牛哞哞叫，

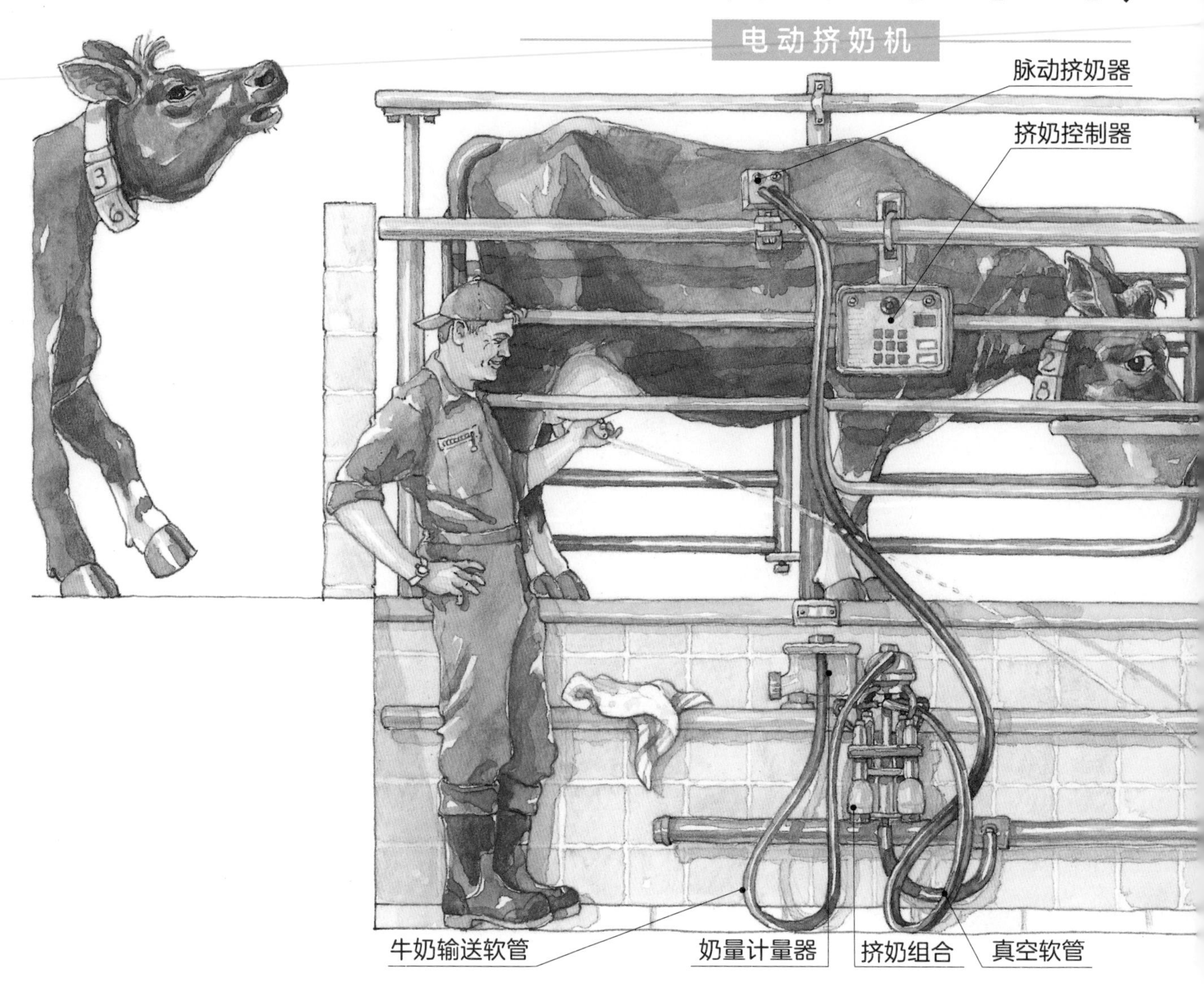

像所有的家养宠物那样，奶牛们也需要得到好的照料。除此以外，奶牛还必须每天定时挤奶两次。

以前，农夫们只能用双手来挤奶，这样的方式既劳累又耗时。如今，我们几乎不再手工挤奶，而是使用电动挤奶机了。

牛奶来自于牛的乳房，每个乳房有4个乳头。相应地，挤奶机的每组挤奶组合也有四个挤奶杯。它们能把牛奶从乳房里吸出来。在右图里，能清楚地看到挤奶组合及挤奶杯的详细构造。

一个挤奶杯有内外两个腔室。它们之间被一道柔软的橡胶壁完全隔离开。挤奶的时候，牛的乳头需要卡入内室里。为了挤奶，内室里是半真空的环境。

外室与内室不一样。外室又被称为脉动室，里面一会儿充满空气，一会儿被抽成真空，总是来回交替，就好像脉搏在跳动一样。这样的规律变化让处于内外室之间的橡胶壁可以来回弯曲运动。这样就能有规律地挤压或放开乳头，按照脉冲的节奏挤出牛奶了。

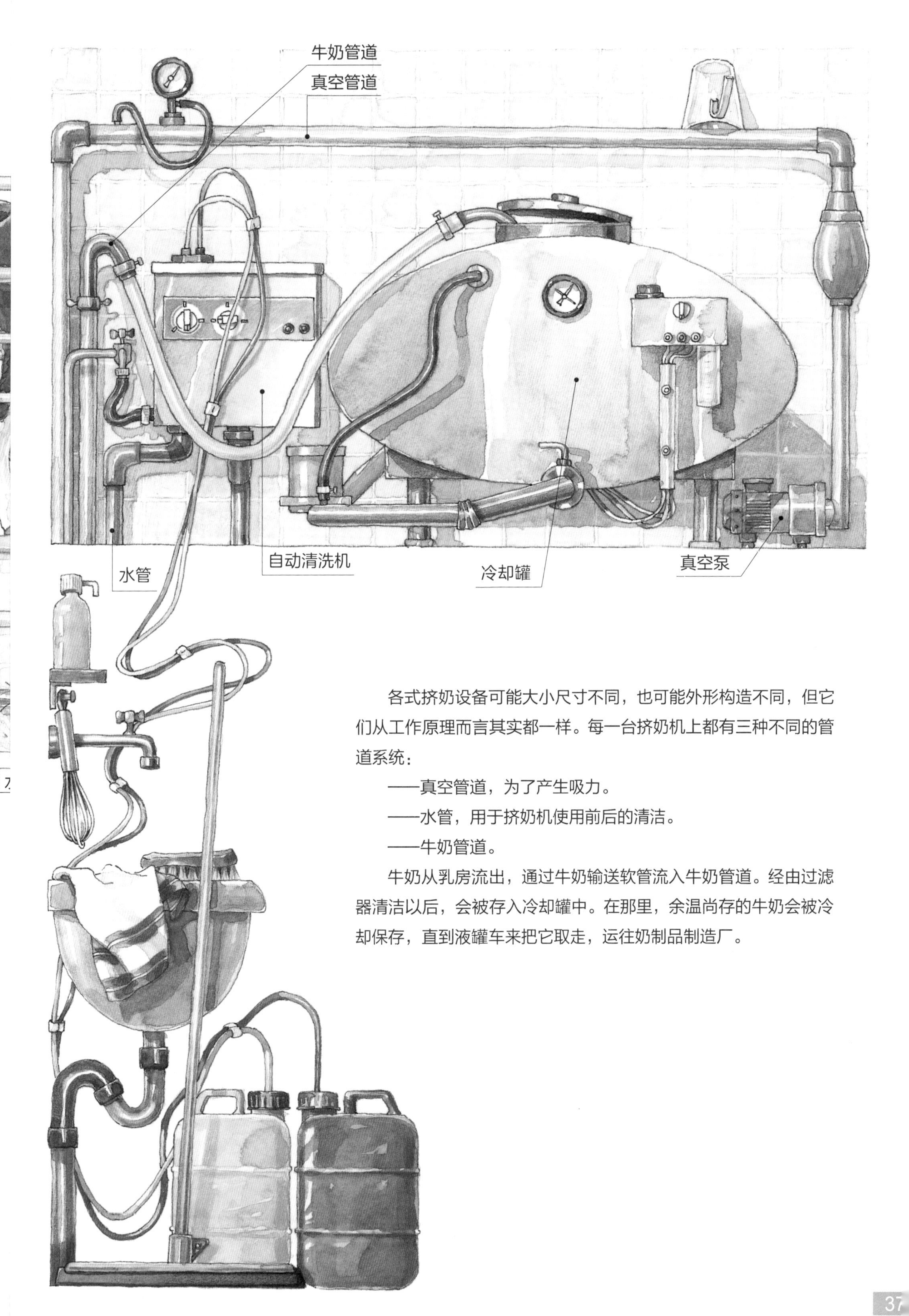

各式挤奶设备可能大小尺寸不同，也可能外形构造不同，但它们从工作原理而言其实都一样。每一台挤奶机上都有三种不同的管道系统：

——真空管道，为了产生吸力。

——水管，用于挤奶机使用前后的清洁。

——牛奶管道。

牛奶从乳房流出，通过牛奶输送软管流入牛奶管道。经由过滤器清洁以后，会被存入冷却罐中。在那里，余温尚存的牛奶会被冷却保存，直到液罐车来把它取走，运往奶制品制造厂。

作者介绍

吉斯伯特 · 施特罗德勒斯

居住在德国的明斯特市，他是威斯特法伦州利珀地区农业周刊的编辑。除此以外，他还写作儿童读物。

加比 · 卡弗里乌斯

居住在德国的明斯特市。加比·卡弗里乌斯和吉斯伯特·施特罗德勒斯一起创作的这套讲述现代农业生产的书目前已经被翻译成了英语、法语、荷兰语、瑞典语和波兰语等。

“爸爸，农夫是怎么把稻草卷成捆的呢？”当我们开车经过一片麦茬地时，我的孩子们向我提出这样一个问题。虽然我从小在威斯特法伦州的农场长大，能大致回答这一问题，但说实话，我并不真正了解捆草机内部是如何运转的。为了能更多了解农用机械的工作原理，我对捆草机和其他农业机械进行了细致的观察和研究。然后我把农业现代化机械设备是如何运转的知识分享给小读者们，希望能帮助孩子们了解现代农业，珍惜农夫辛勤的劳作成果。

《忙碌的农场四季》

农夫们总在春季开着播种机在田间地头，播种各种谷物和其他农作物。你知道一台播种机是如何工作的吗？春季和秋季之间，农夫们还会开着肥料车把粪肥运进农田，因为只有在这段时间里，植物才能最快最好地吸收和消化这些肥料。秋天的田野里，联合收割机、马铃薯收割机、玉米粉碎机、甜菜挖掘机隆隆作响。

让孩子了解农场四季的工作，珍惜一餐一饭来之不易。

《万能的农业机械》

在没有拖拉机的农业时代，骡子、驴、马，甚至狗都需要参与到农场的劳作中。这本书向孩子们介绍了第一台蒸汽机、第一部发动机、第一台拖拉机诞生的故事以及GPS等新科技在农业机械上的应用，从科技进步看农业的发展。同时，本书还介绍了在森林里工作的集材车、适用于所有情况的乌尼莫克车等特殊功能的机械车辆。

让孩子了解现代农业的发展历史，初识水利电力学的相关技术。

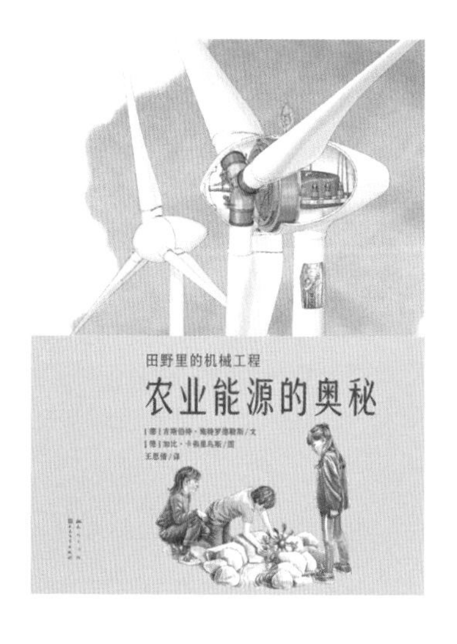

《农业能源的奥秘》

现代化的农业生产中，大型农用机械的运转离不开电能的支持，风、水、潮汐、波浪、太阳，甚至油菜花田、一堆腐烂的树叶、动物的粪便等都可以转化成电能，为机械运转提供源源不断的动力。

让孩子了解现代化农业能源的奥秘，感受人类利用大自然的智慧。

著作权合同登记：图字 01–2019–5574

Was brummt da auf dem Bauernhof?: Technik in der Landwirtschaft für Kinder leicht erklärt.
First published in 2001 – 11th Edition in 2016© LV im Landwirtschaftsverlag GmbH, Münster-Hiltrup. The simplified Chinese translation rights arranged through Rightol Media.
Chinese simplified translation rights ©2021 by Daylight Publishing House, Beijing.

图书在版编目（CIP）数据

忙碌的农场四季 / (德) 吉斯伯特 · 施特罗德勒斯文；(德) 加比 · 卡弗里乌斯图；王思倩译. –– 北京：天天出版社, 2021.11
（田野里的机械工程）
ISBN 978-7-5016-1746-3

Ⅰ. ①忙… Ⅱ. ①吉…②加… ③王… Ⅲ. ①农业机械 – 儿童读物 Ⅳ. ①S22-49

中国版本图书馆CIP数据核字(2021)第188290号

责任编辑：刘　馨　　**美术编辑：**卢　婧
责任印制：康远超　张　璞

出版发行：天天出版社有限责任公司
地址：北京市东城区东中街 42 号　　**邮编：**100027
市场部：010–64169902　　**传真：**010–64169902
网址：http://www.tiantianpublishing.com
邮箱：tiantiancbs@163.com

印刷：北京博海升彩色印刷有限公司　　**经销：**全国新华书店等
开本：889 × 1194　1/16　　**印张：**7.5
版次：2021 年 11 月北京第 1 版　　**印次：**2021 年 11 月第 1 次印刷
字数：75 千　　**印数：**5,000 套

书号：978-7-5016-1746-3　　**定价：**90.00 元(共 3 册)

生命的能量之源

太阳

太阳既是太阳系的中心，也是人类生活的中心。它慷慨地为地球上的一切生物提供着赖以生存的能量。

你相信吗？人体就像电池一样储存着太阳能。尽管这听起来不可思议，却是千真万确的。举个例子：当你在户外滑滑板时，身上的力气其实是由太阳提供的，因为在滑滑板之前，你已经通过吃下的食物，把太阳能储备在身体里了。而这些食物的能量有的来自靠吸收阳光储备能量的植物，有的来自以这些植物为食的动物。所以这样说来，地球上所有的生命体都直接或间接地在依赖太阳而生存。太阳还维持着水循环和风循环，是气候形成背后的发动机。这些是如何做到的呢？在水循环中，首先，太阳的热量使海洋与河流中的水蒸发变成水蒸气，升上高空。水蒸气冷却后化作雨水、雾气或雪花，重新降落到地面变成水，然后流入小溪、河流，最终汇入海洋。

同样的道理，风的形成也依靠太阳。虽然太阳只是加热了空气，但在地球上的不同区域，空气被加热的程度不同，被加热的时间长短也不同，结果就不同。比如，沙漠就比我们这儿热得多；而我们这儿又比北极暖和得多。再比如，海面上会比陆地上凉爽。地球上不同区域的空气温度各不相同，使空气时刻保持着流动，这样的相互流动就形成了风。

所以说，一名冲浪运动员或一艘帆船之所以能乘风破浪，归根结底还是借助了太阳的能量。还有，若是没有风，风力涡轮机或者风车就没法运转了。

太阳

“是一颗庞大而炙热的火球。”天文学家说。

“对我田里的农作物至关重要。”农民说。

“带给我好生意。”冰激凌店主说。

“是一个美好假期的保证。”度假的人说。

“是我的电力来源。”太阳能电池的使用者说。

“阳光过于强烈的话，对眼睛的健康有害。”眼科医生说。

“是一颗和其他星体差不多的星球。”外星人说（如果存在的话）。

收获风

风力发电机

风电发电机在全世界随处可见：高高的圆柱形塔身，塔尖数枚叶片迎风转动。它们捕获风的能量，并将其转化为电流。这个过程是如何实现的呢？

风力发电系统必须能应对最强烈的台风，因此塔身需要由厚钢制成。它矗立在用混凝土浇筑的基座上，基座深入地下。塔身是空心的。你可以通过楼梯或梯子爬到它的顶端。塔的顶部安装着一个像飞机机舱一样的外罩，我们称它为吊舱。一根长长的轮轴，名叫转子轴，被水平安置在吊舱中心，可以沿着轴心旋转。转子轴延伸到吊舱外部，与转子叶片固定在一起。叶片是弧线形的，这样的形状使得叶片更容易被风吹动。每一个曾经放过风筝的人都知道，风是很任性的，时而强，时而弱，同时还不断改变着方向。这就是需要在吊舱的尾部安装一支风向标和一部测量仪的原因，这样人们就可以随时测量风的方向和强弱。测量的数据将被传输到一部安装在吊舱内的计算机，经由计算机计算得出的数据，会指导吊舱在风中总是转向正确的方向。另外，这部计算机还可以确保叶片能随着风向调整自己的角度。因为叶片可以根据风的强度，将它们平缓的那一侧向后或向前转动，这样就能最充分地利用气流。外部的叶片随风带动吊舱内的轮轴同步转动。轮轴的尾部又与一部发电机相连。它的工作原理跟电动自行车上的轻型发电机相似，当你踩踏板时，车灯就会亮起来。

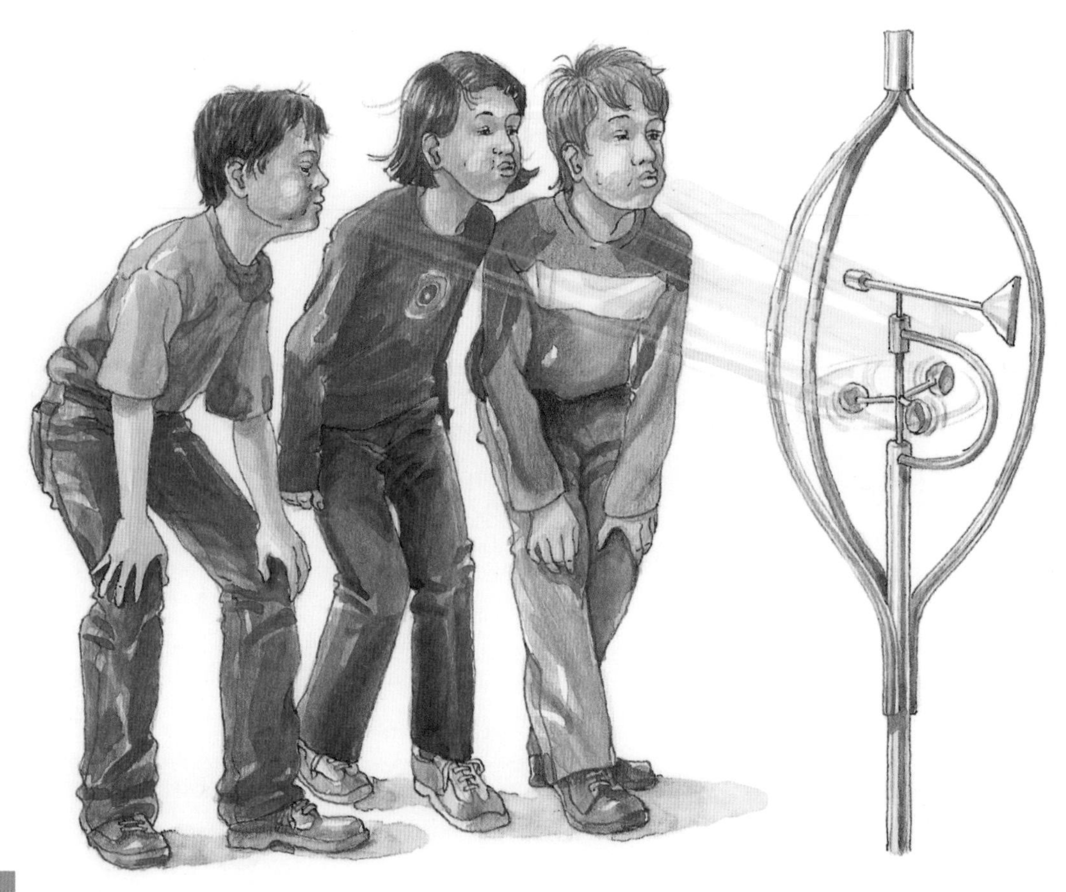

叶片
风向标和测量仪
吊舱
转子轴
发电机
钢制或混凝土塔身

线圈中的电流

叶片的旋转带动风力发电机运转起来。它的工作原理类似于电动自行车上用于给车灯供电的小型发电机。但这样的发电机究竟是如何工作的呢？首先，发电机的顶部被安装了一个可以旋转的驱动齿轮。一根金属轴与齿轮相连，装配到发电机内部。一组由铜丝缠绕而成的线圈被固定在金属轴的中部，线圈的周围环绕着磁极，线圈可以随着金属轴在磁极内部旋转。而磁极本身被固定在发电机外壳内侧，相对静止。磁铁具有一种肉眼不能见的神奇力量。你们一定见过磁铁吸引金属物体吧？它能做的还不止这些呢！如果将一根金属线沿着磁铁移动，它能使金属线内部的一些极小的原子微粒开始朝着同一个方向移动，这些微粒的名字叫作“电子”，电子的定向移动就形成了电流。同样的现象就发生在发电机中。

为房屋供电

组装一台风力发电系统，需要用到高大的起重机。当起重机吊起风轮时，工人们必须用一根长长的绳索将风轮固定住，以免叶片摇摆，撞击到已经竖立起来的塔身。一旦叶片安装完毕，它们很快就可以在风中转动起来。风力不需要很强劲，即使微风也足以让叶片持续转动。这些叶片被制造成特别的弧线形，这样的形状能让它们收集到哪怕是极其微弱的风。即便如此，这样的一座风力发电系统也是相当强大的。它的发电能力以“千瓦”（kW）为单位来计量。一座中型发电机的产能为大约2300千瓦，而大型发电机为3000千瓦或者更多。但要达到这种发电强度的前提是：全速运转。为此就需要相当强劲的风力，它的速度必须要达到大约每秒13米——这样的风速对应的是6—7级的风力。当风速更高的时候，必须让风轮停止运转，使得叶片静止不动。否则，发电机很快就会损毁。这样看来，发电机的生产能力和风力的大小息息相关。虽然有时刮大风，甚至还有暴风雨，但有时也会连一丝微风也没有。按照一整年的平均值来看，一台3400千瓦生产能力的风力发电机，可以为大约1800户人家提供生活用电。

随着铜线圈的旋转，它周围的磁铁外罩让线圈内部的电子持续运动，这样就产生了源源不断的电流。自行车上的发电机使车的前后灯可以照明。与其相比，风力发电系统能产生出更多的电流。

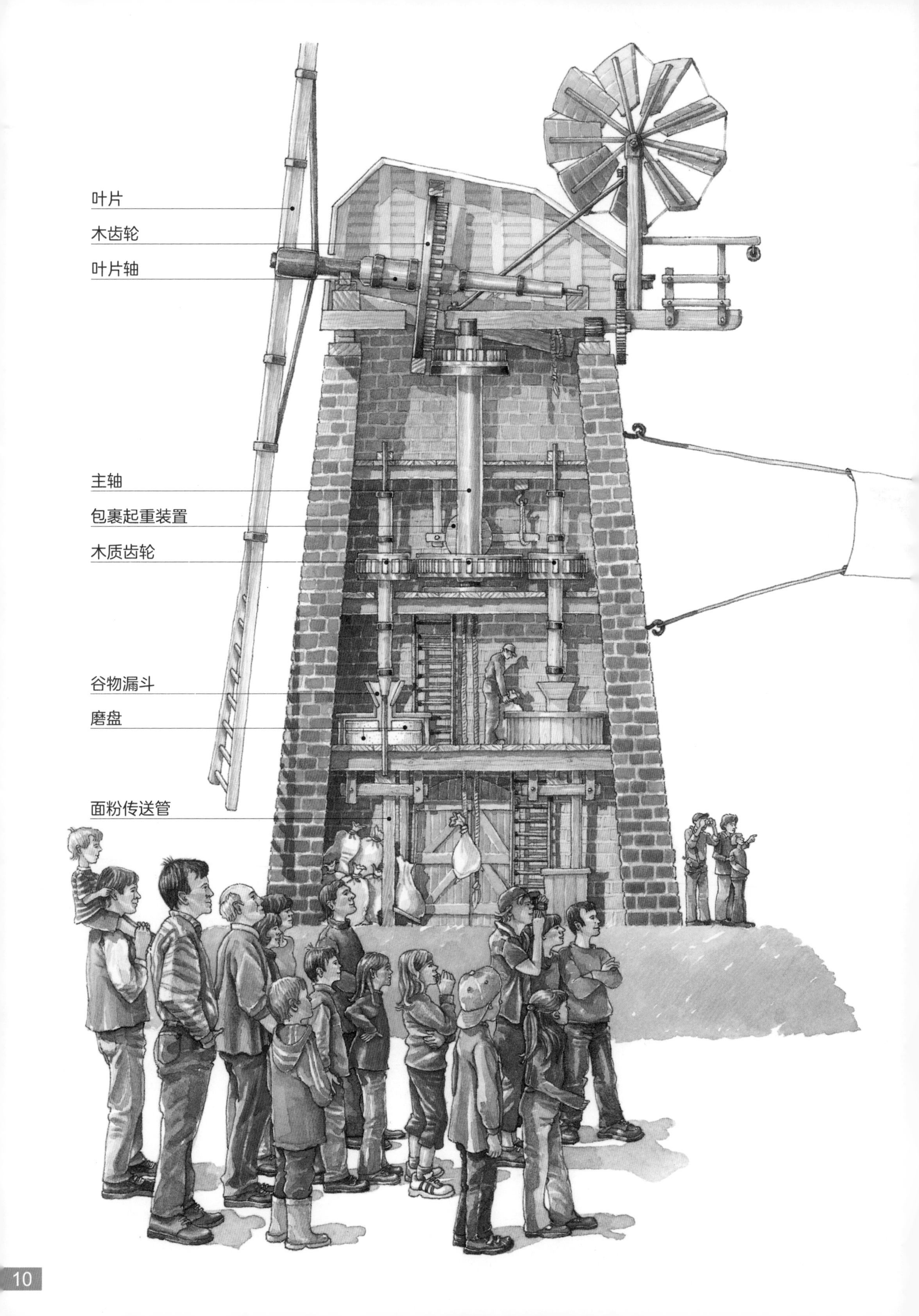
叶片
木齿轮
叶片轴
主轴
包裹起重装置
木质齿轮
谷物漏斗
磨盘
面粉传送管

用风碾磨谷物

风车磨坊

风车磨坊是现代风力发电机的鼻祖，这种古老的作坊利用风能来碾磨谷物。

在过去没有电的日子里，磨坊有两种类型：一种由水来驱动，另一种是利用风来驱动。

欧洲的风车磨坊通常有4个叶片。磨坊工人们会把厚重的亚麻布绷在叶片上，这样它们就能最大程度地捕捉到风。叶片随风带动与它相连的叶片轴一起转动。接下来，动力通过两个大齿轮被传递给磨坊中心的主轴，于是主轴中部的巨大齿轮就可以带动与它相邻的小齿轮运转起来，最终带动固定在小齿轮下方的磨盘开始工作，将谷物磨成面粉。过去，几乎每个村庄都有这样的磨坊。现在，绝大多数磨坊已经被拆除了，因为人们不再需要它们。但也有少数磨坊直到今天还被保留着——有一些甚至还在正常工作呢！

底部还是顶部？

风会随意改变方向，因此风车磨坊需要与风力发电机一样，随时调整叶片的位置和角度。为了达到这个目的，风车磨坊被分为两种类型：一种是将整个磨坊安装在一个支架上，磨坊的主体部分可以转动，这一类磨坊叫作底部旋转型磨坊（左）。另一种恰恰相反，磨坊的主体连着叶片的顶部可以旋转，这一类磨坊被称为顶部旋转型磨坊（右）。现代风力发电机从原理上来看也属于顶部旋转型磨坊，因为风力发电机也是依靠塔身顶部机舱的旋转来适应风向和风级的。

磨盘
齿轮
轴
水轮

活水碾磨

水磨坊

“磨坊在哗啦啦的溪流中嘎嘎作响……”这首民歌描述了在遥远的时代，许多河流小溪边上都矗立着水磨坊的情景。

水磨坊通常建造在河流或溪水旁，一个巨大的木质水轮是它最重要的构成部分，水轮的圆周上安装着一片片桨叶。当水流冲击这些桨叶时，会带动水轮转动起来。一根承重力极强的木杆穿过水轮的中心，并被数颗木楔子固定在水轮上。这样一来，这根木杆，也就是我们所说的“轴”，就能随着水轮一起旋转了。水的能量通过这根轴被引入磨坊的内部，并借着由多个齿轮组成的传动系统继续向前传递。这些齿轮通过特定的方式彼此带动：由大齿轮带动小齿轮转动，使得小齿轮能达到更快的转动速度。专家们称这个传动系统为“二级变速器”，它可以使另外一端的磨盘能够稳定而快速地工作。这些磨盘的转动速度大概能达到外部水轮转速的12—15倍。

水磨坊的其他本领

过去，水磨坊的功能不仅仅是碾磨粮食。比如，有一些磨坊里安装的不是磨盘，而是又大又重的锤，它们能借用水力上下锤打。这类磨坊可以被用来生产锻造刀剑或镰刀一类的器具。另外一些磨坊被改建后，可以夯打，可以锯木头，还能打磨玻璃。还有的甚至可以把破布撕碎，捣烂以后变成浆液，用来造纸，就成了造纸磨坊。

如今，以上的作坊都被大型工厂所取代。古老的水磨坊早已“失业”。其中有许多早就被拆除了。有少量被保留下来，改建成了博物馆，还有的就只剩下了一堆废墟。幸运的是，近段时间以来，水磨坊被人们再次利用起来，因为它们可以将水的动能转化为电能。

从水中汲取电能

水电站

今天，在许多较大的溪流及河流边上，仍然矗立着一些水磨坊；但在其中运转的不再是老旧的磨盘，而是涡轮机。这种装置能将水的动能转化为电能。

现在的水电站已经不再需要建造水轮了。从外形上来看，它只是一座依水而建的普通房屋而已，很难想象它竟然能将水流的能量转化为电能。

水力发电的第一步就是要在电站前面筑造一座比较高的水坝，用来拦截水流，并将其储蓄在河塘中，这样可以形成高度差，使水下落的时候以更快的加速度流动，只有这样才能将流水中的重力势能释放出来。水流会通过一条细长的管道被引进电站

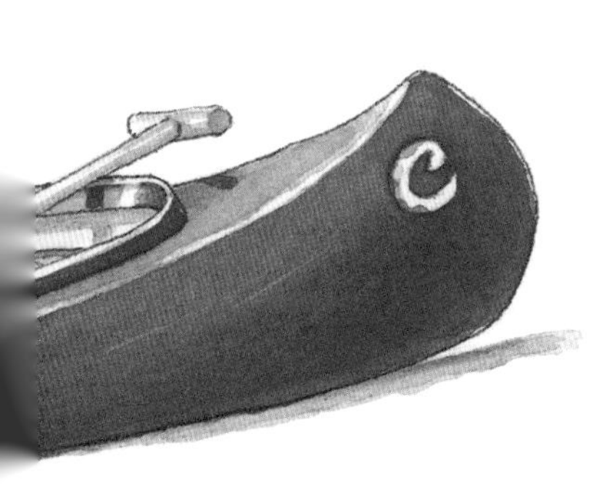

内部，但在此之前，必须将水中漂浮的叶子、树枝还有垃圾打捞出来，以保证管道不被堵塞。因此，人们会在河塘与管道之间安装滤网，这样水中的废弃物就会在进入管道之前被全部拦截。随后，一条传送带会将这些打捞起来的废弃物运送到另外的垃圾箱中。现在，水流可以毫无阻碍地流入管道了。管道的末端与涡轮机直接相连，水流穿过涡轮机，就能带动叶片转动起来，这跟水轮转动的原理一模一样。只不过涡轮机不是由木材而是由金属制造而成的，而且它的叶片也被做成特殊的形状，为的是让涡轮机尽可能多地从水中汲取能量。

在水流的重力势能的驱动下，涡轮机飞快旋转，固定在它中心的转轴会随之一起转动，连接转轴另外一端的发动机也会同步运转起来。

高墙背后

水坝

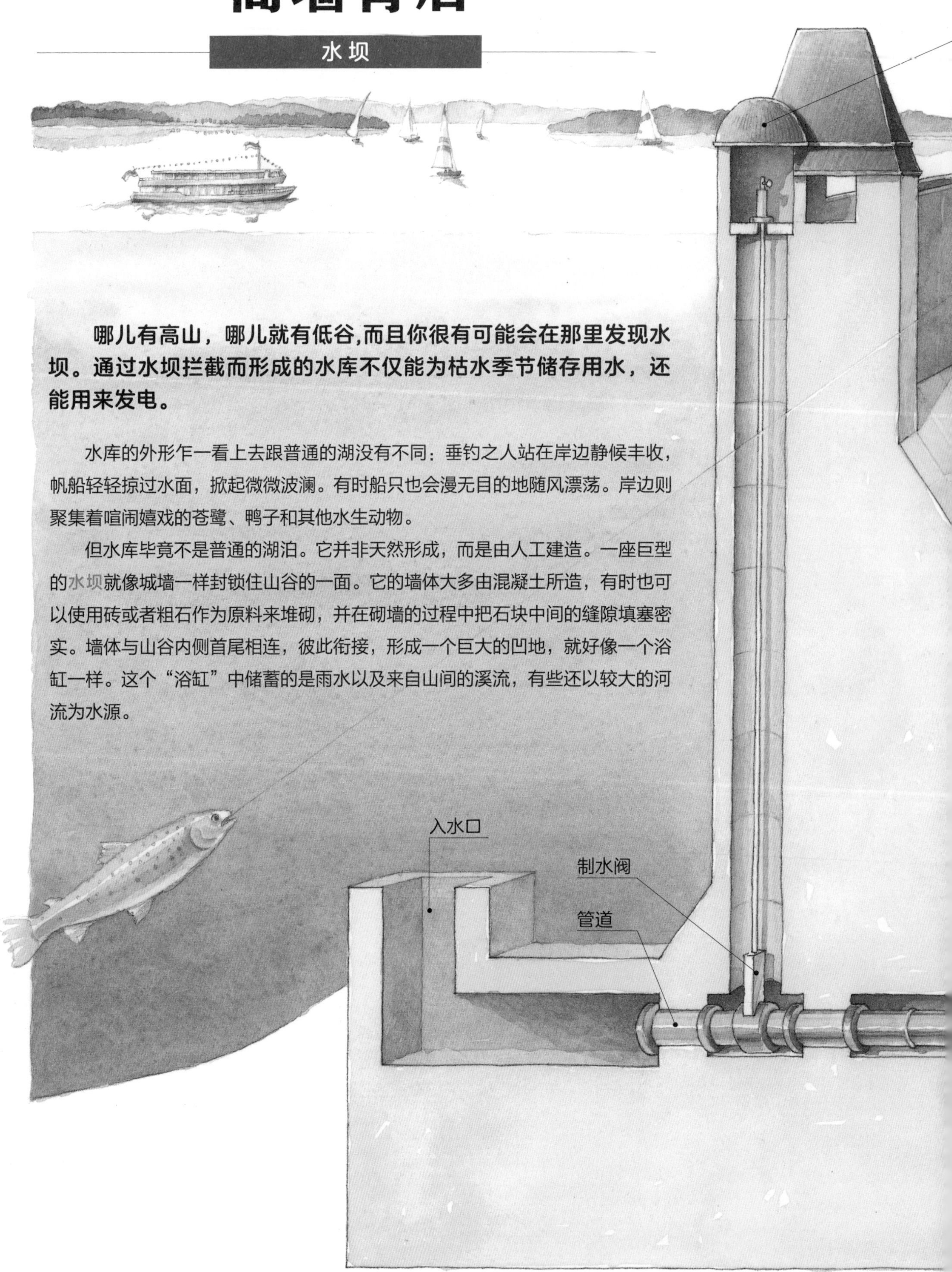

哪儿有高山，哪儿就有低谷,而且你很有可能会在那里发现水坝。通过水坝拦截而形成的水库不仅能为枯水季节储存用水，还能用来发电。

水库的外形乍一看上去跟普通的湖没有不同：垂钓之人站在岸边静候丰收，帆船轻轻掠过水面，掀起微微波澜。有时船只也会漫无目的地随风漂荡。岸边则聚集着喧闹嬉戏的苍鹭、鸭子和其他水生动物。

但水库毕竟不是普通的湖泊。它并非天然形成，而是由人工建造。一座巨型的水坝就像城墙一样封锁住山谷的一面。它的墙体大多由混凝土所造，有时也可以使用砖或者粗石作为原料来堆砌，并在砌墙的过程中把石块中间的缝隙填塞密实。墙体与山谷内侧首尾相连，彼此衔接，形成一个巨大的凹地，就好像一个浴缸一样。这个“浴缸”中储蓄的是雨水以及来自山间的溪流，有些还以较大的河流为水源。

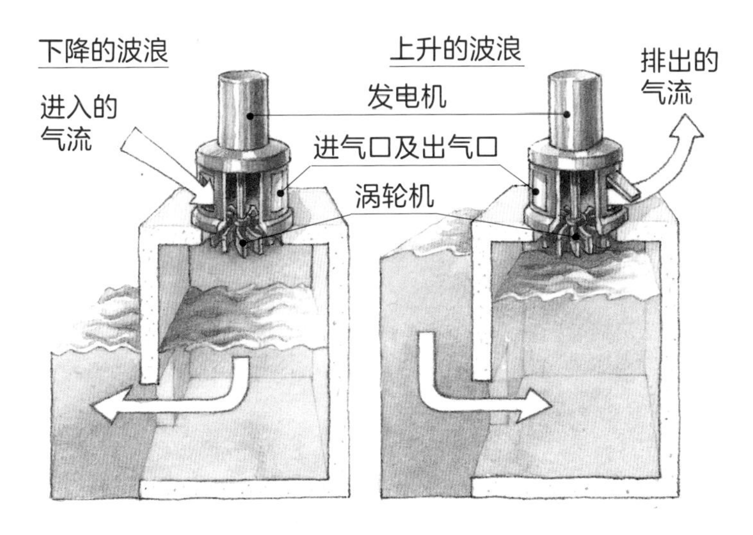

波浪能发电站

其实海浪中也蕴藏着巨大的力量，但是，怎样才能把它发掘出来呢？聪明的工程师们在位于苏格兰西边的艾拉岛上交出了令人兴奋的答卷。他们通过许多试验，最终建成了一座波浪能发电站。这种发电站的主体结构就像一个被颠倒摆放的半封闭混凝土缸，缸口的位置略低于海平面。海浪可以通过挤压缸身，使一部分海水进入缸口。混凝土缸的顶部被插入一根管道，管道内部安装了发电必须用到的涡轮机和发电机。管道的侧壁分别开了一个进气口和一个出气口。空气可以通过这两个口被吸入和排出管道。“大海在呼吸，而我们要捕捉这呼吸。”一位工程师这样形容这座非同寻常的发电站。

从管道中通过的气流流过涡轮机，带动它转动和工作。它的叶片被设计成特别的曲面，用来保证它们不依赖气流的流向，始终朝同一个方向转动。这座世界上第一座波浪能发电站可以为300户家庭供电。“虽然不多，但这只是一个开始。飞机也不是一天就被发明出来的。”工程师们充满信心地说。而研究人员认为，波浪能发电站既可以建在港口的墙体内，也可以安装在沿着海岸线而建的防御设施里。他们还通过计算得出一个结论：假如欧洲各海岸的波浪能被有效发掘，至少可以提供欧洲所需电力总量的1/10，也许在未来的某一天，这个愿景真的能实现吧！

一捧泥土中的喧嚷

你是否曾经思考过，一只手能抓起的一捧土里，到底存在多少生物？ 10只？ 50只？或者100只？也许难以置信，这么一小捧泥土里生活着的生物数量，比全世界人口总数还要多——几十亿只。在泥土中，那些最大的生物仅凭肉眼就可以看见。有一些小一点儿的，通过简单的放大镜也能观察到，比如，蚯蚓、甲虫、蚂蚁。但如果通过一台显微镜仔细观察，你会看见这一方小小天地里拥挤不堪：无数的细菌、微小放线菌和其他微生物在其中欢蹦乱跳、嬉闹玩耍。在这样的肥料堆中，大大小小的生物能够保证在几周内就把花园的垃圾转化成肥沃有用的堆肥土壤。

一个发热的土堆

堆肥

你是否曾经在某个凉爽的清晨，看见过一个独自冒着热气的肥料堆？它的热量是从何而来的呢？

许多园丁都会自己制作肥料堆。他们把一切会腐烂的东西都堆在一起：树皮、稻草、树叶、树枝、根茎、粪便，还有咖啡渣、碎蛋壳、修剪草坪后的废料等。但是，为什么这些垃圾会变热呢？它们又是怎么变成营养丰富的堆肥土壤的？这个神奇的过程是由“微生物”所创造的。我们只有通过显微镜才能观察到它们。你可别小瞧它们，它们虽然长得小，胃口却大得惊人。因为这些小生物总是在一刻不停地吃、吃、吃。

植物借着日光的照耀，把太阳能储存在体内，即使变成了植物废料，也可以为肥料堆提供着太阳能。而这些小小生物对此特别感兴趣，它们大量吸收这些能量。肥料堆因此就会变得非常热。肥料堆内部的温度最高能达到70摄氏度！可惜园丁们无法通过有效的办法来收集这些热量，要不然这样可观的能量可以为他们提供好些天的供暖和热水呢！持续几天的高温过后，肥料堆慢慢冷却下来。这时略大一些的小动物们就会出现在肥料堆上，开始大吃起来：比如，金龟子幼虫、等足目昆虫和蚯蚓等。大概8—12周后，它们就能将这些绿色废料转化成深色、散发着森林土壤气味的堆肥土壤。对花园而言，它们就是最宝贵的营养肥料。

生物气体能源厂

沼气厂

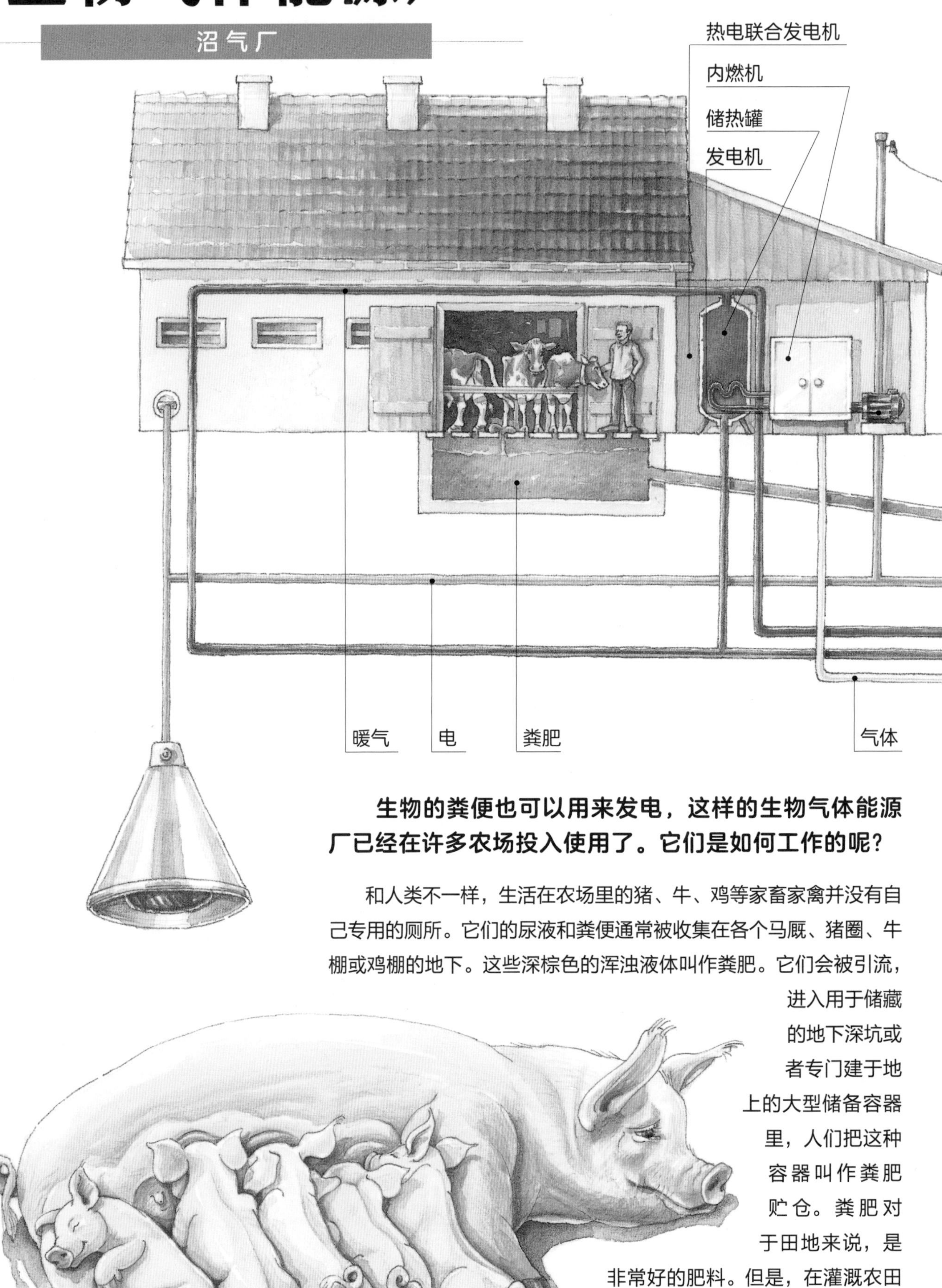

生物的粪便也可以用来发电，这样的生物气体能源厂已经在许多农场投入使用了。它们是如何工作的呢？

和人类不一样，生活在农场里的猪、牛、鸡等家畜家禽并没有自己专用的厕所。它们的尿液和粪便通常被收集在各个马厩、猪圈、牛棚或鸡棚的地下。这些深棕色的浑浊液体叫作粪肥。它们会被引流，进入用于储藏的地下深坑或者专门建于地上的大型储备容器里，人们把这种容器叫作粪肥贮仓。粪肥对于田地来说，是非常好的肥料。但是，在灌溉农田之前，粪肥还可以先用来发电。

一块太阳电池

木材燃烧

一块木头差不多就像一块电池。但木块里储存的不是电能，而是太阳能。当木块燃烧时，就会释放出能量。但这究竟是怎么发生的呢？这些能量最初是怎么进入木材中的呢？

树木可以捕获太阳能并且将其储存在木材中。这个伟大奇迹的创造者就是树叶。为了实现这个奇妙的过程，树叶首先需要三种原材料：

· 泥土中提供的水和养分

· 阳光

· 二氧化碳

二氧化碳是存在于空气里的一种气体。树叶通过奇妙的光合作用，把这三种原料重新排列组合，转化为其他的物质。其中一种叫作氧气——它是所有动植物赖以生存的养料，被树叶生产出来并释放进空气中，使我们直接通过呼吸空气就可以得到它。

除此以外，树叶还会生成多种碳水化合物，它们是富含能量的化学物质，会被直接存储在木材中。要想让火能燃烧起来，也需要三样东西：

· 空气中的氧气

· 用来点火的高温高热

· 用于燃烧的燃料——木材就属于燃料的一种

若是缺少其中任何一样东西，或者它们之间的比例关系不对，火都无法燃烧起来。因此，一块木头可以长期存放在富含氧气的空气中，我们完全不用担心它会烧起来。只有当高温出现的时候，木头才会燃起熊熊烈火。我们都听过“摩擦生热”，人类其实从石器时代开始就明白这个道理，并且开始“钻木取火”。

那么，在木头燃烧的过程中，究竟发生了什么变化呢？迄今为止，即使是科学家也无法确认其中所有精确的细节。但可以肯定的是，燃烧时，热量能分解木材中的碳水化合物，同时释放出大量的光和热——它们正是那些早前被树木储存到它身体里的、来自太阳的能量。

还可以肯定的是，在燃烧的过程中会产生少量的水。只不过它们会在此时的高温环境下被立刻蒸发掉。最后，还会生成二氧化碳气体，它们会立即散发到空气中，直到某一棵树或者其他植物重新捕获它，并借由它的帮助再次储存太阳能。

火：一个炙手可热的发现

火是人类使用的最古老的能源。人类很早就利用火来取暖和烹饪食物，还知道如何利用火的热量从铁矿石中提炼金属、烧制陶器或者熔化玻璃。如今，火的应用随处可见。就以发电厂为例吧，用来驱动涡轮机旋转的蒸汽，就是通过燃烧产生的。任何一辆汽车都是通过燃烧汽油或柴油来驱动发动机工作的。在我们居住的住宅公寓中，火的身影也随处可见。大多数民用住宅会用油或天然气供暖，同时也有数量可观的民宅会选择燃烧木材或使用壁炉供暖。

花盛开时的油菜

不仅那些石油大国的酋长，许多农夫也拥有“油田”。但是，在农夫的农田里却见不到油井架、起重机或者水泵的身影，而是茂盛的油菜花田。

初夏时节，盛开着油菜花的花田闪耀着金灿灿的光，总是在不经意间就跃入人的眼帘。但是，既然是“油田”，那里边的油藏在哪里呢？是从油菜里提取出来的吗？这种油的用途又是什么呢？

黄色的油菜花开放以后的几周以内，就会渐渐长出豆荚来。在这些豆荚里藏着许多黑褐色的小种子，它们富含着大量的油分。我们可以从这些油菜籽中获得营养健康的食用油。这种油通常呈深黄色，看起来就好像液态的蜂蜜一样。

农夫们的油田

菜籽油和生物柴油

菜籽油的味道有点儿像坚果，可以直接用来拌沙拉。由于它耐高温，所以也能用来炒菜。但菜籽油的用途还不止这些，它还能被用作汽车或者拖拉机的燃料。当然，菜籽油首先必须经过特殊处理，才能被当作燃料使用。这个小窍门说来也简单，就是在油里面混合一种酒精。这种酒精其实就是甲醇。它被掺入菜籽油当中，经过一系列的化学反应，就能生成生物柴油。这个过程中，也会附带生成产物，它叫作甘油，常被用来制作润肤霜和软膏。

捶打碾压，而非碾磨

人们通常会在七月用联合收割机收割成熟的油菜籽——这和处理谷物很相似。干燥的油菜植株会被收割机收割，然后继续将其切成小段并且脱粒。脱落下来的油菜籽被收集并倾倒在收割机后面连接的拖车内。这一系列操作可以通过高效的联合收割机一气呵成。随后，农夫将拖车拉到油坊。在那里，菜籽会先被清洗干净。要想榨取菜籽油，不能依照处理谷物那样的方式把菜籽碾磨成粉末，而是应该捶打和碾压它们。事实上，在缺乏先进工具的古代，人们就是这样做的：菜籽会先被捣成糊状，经过少许的加热后，再继续被捶打到油分被分离出来。如今，油菜籽在油厂里可以通过机器直接被压碎和榨取出菜籽油来。榨完油后剩余的菜籽壳是非常好的动物饲料。

用花园的水管来做个实验

你可以试试看，在某个夏日，自己亲自来收集太阳能。首先需要做的，是找一根黑色的或者颜色尽量深的水管，把它和花园的水龙头相连。然后打开水龙头，冷水就会顺着水管喷出。接下来，堵住水管前端的喷嘴，稍作等待。之后，当喷嘴打开时，水管中将会喷出热水。小心！这水有可能非常烫。如果取而代之的是一根浅色或者白色的水管，很有可能其中的冷水并不会被加热，因为浅色的水管能最大程度地反射太阳光。而与之相反的是，黑色能“吸收”太阳光。因此黑色的水管会被“烤热”，在它里面的冷水也就会同时被加热了。

太阳能集热器从外观上看就像一个长方形的盒子，被安装并固定在倾斜的房顶上，这样的做法可以保证它能最大程度地接收太阳能。盒子的底部和边框是金属材质，内部的各面都被漆成黑色。黑盒子里整齐排列着数根金属管，它们也都是黑色或者深棕色的。金属管之上，也就是向阳的一面，被一片透明的玻璃覆盖。当太阳照射玻璃表面的时候，阳光能直接穿透玻璃照在金属管上，使它们升温。在炎热的夏季，当日照特别长、日光特别强的时候，这些金属管甚至能达到100摄氏度的高温。

利用太阳加热

太阳能集热器

集热器就是热能的“收集器”。一个太阳能收集器收集的是太阳光散发的热能，这些热能可以用来将洗澡水加热或者给暖气供暖。

在安装太阳能集热器的屋顶之下，有一个更精密的系统。其中的一个重要部分就是水泵，它负责将冷水泵入屋顶上方集热器内的金属管里。冷水从入水口进入集热器，然后在金属管中流动并被加热。当水从出水口流出的时候，能热得达到沸腾的状态。

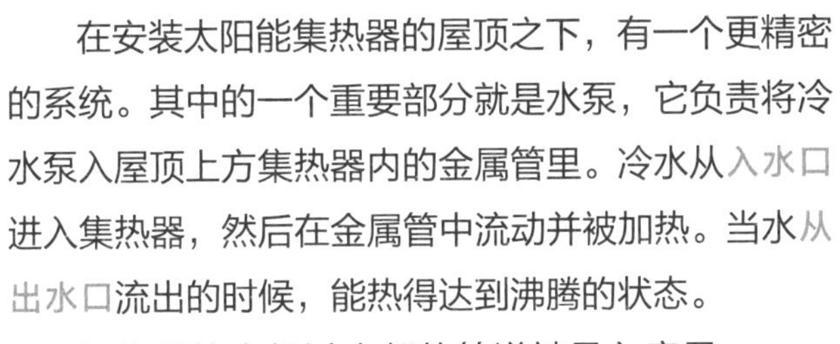

加热后的水经过内部的管道被导入房子的内部，可以被当作非饮用的生活用水或用来供暖。但若是遇到阴天该怎么办呢？难道大家只能用冷水洗澡或者必须躲在冰冷的房间受冻吗？当然不会啦！在这种情况下，一般还会有一套辅助的加热系统被启动，比如，可以燃烧天然气来供暖。

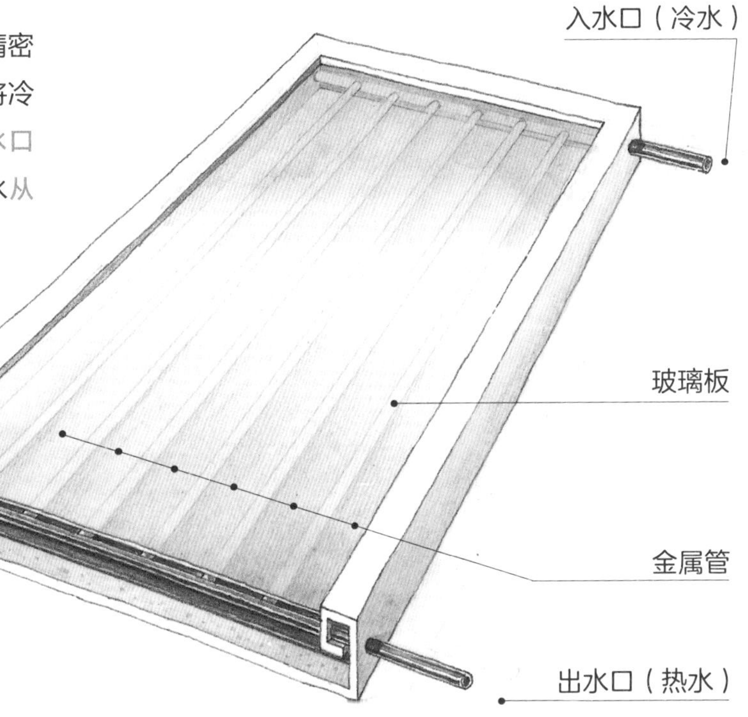

太阳开了灯

太阳能电池

“太阳能电池”这个词的意思是“电池里的电来自太阳”。太阳能电池把阳光转化成我们熟悉的电。那么，这些闪着蓝光的太阳能电池板是怎么发电的呢？

请你在头脑中想象这样的场景：一片高尔夫球场上，一名球员把一个高尔夫球放在脚前，然后挥动球杆，迅速将球打入远处的球洞中。相似的事也发生在太阳能电池里。太阳能电池的两极由两片极薄的硅晶片贴合在一起构成，其中一片里好比放了很多“球”，而另一片里却挖了许多“洞”。此时的太阳挥起它的光束，就像那位球员挥动球杆一样，把电池一端的球一个个击入另一端的洞中。这些“球”和“洞”当然不会像真正的高尔夫球那样大。事实上，它们非常小，即使把它们放在世界上最清晰的显微镜下也无法分辨。这些“球”就是电子，是一种极小的原子微粒。在电池里和在球场上还有一点不同的是：当一颗电子被发射出去以后，下一颗电子会立即替补上来整装待发，并被发射出去。于是，电子就这样源源不断地从电池的一端移动到另一端。这些电子离开后所留下的洞，看起来像在朝着相反方向移动。是阳光的参与使电子运动起来，电子的这种定向移动就形成了电流。如果我们此时用一根电线连接电池两端并且接上一盏灯的话，灯就会发光。

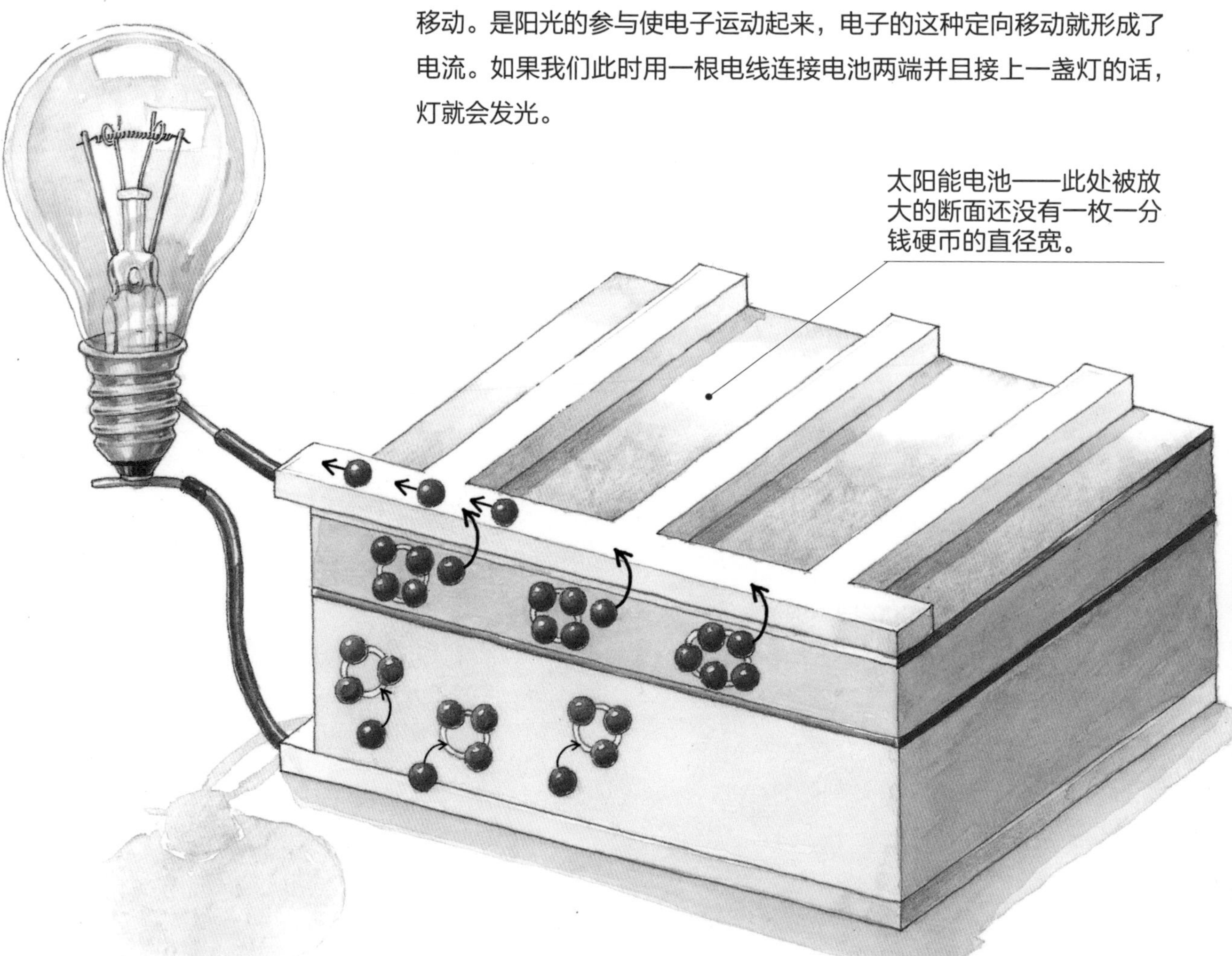

从宇宙回归

研发太阳能电池最初的目的是支持宇宙航行。有了它的帮助，探测器和卫星就可以直接在太空中吸收太阳能，以此来补充能量继续航行。然而，太阳能电池在地球上的应用其实早就已经相当普遍了，比如便携计算器、公共汽车站、停车收费计时器、住宅等，有时甚至还会出现在特殊的汽车上，也就是“太阳能汽车”。制造太阳能电池最重要的原材料是硅。这种物质大量分布在沙石和岩石晶体中，但也会存在于植物、动物甚至我们人体内。经过精细研磨的硅看上去像是灰棕色的粉末，而纯硅可以用来制造非常重要的计算机组件：芯片。

作者介绍

吉斯伯特 · 施特罗德勒斯

居住在德国的明斯特市，他是威斯特法伦州利珀地区农业周刊的编辑。除此以外，他还写作儿童读物。

加比 · 卡弗里乌斯

居住在德国的明斯特市。加比·卡弗里乌斯和吉斯伯特·施特罗德勒斯一起创作的这套讲述现代农业生产的书目前已经被翻译成了英语、法语、荷兰语、瑞典语和波兰语等。

“爸爸，农夫是怎么把稻草卷成捆的呢？”当我们开车经过一片麦茬地时，我的孩子们向我提出这样一个问题。虽然我从小在威斯特法伦州的农场长大，能大致回答这一问题，但说实话，我并不真正了解捆草机内部是如何运转的。为了能更多了解农用机械的工作原理，我对捆草机和其他农业机械进行了细致的观察和研究。然后我把农业现代化机械设备是如何运转的知识分享给小读者们，希望能帮助孩子们了解现代农业，珍惜农夫辛勤的劳作成果。

《忙碌的农场四季》

农夫们总在春季开着播种机在田间地头，播种各种谷物和其他农作物。你知道一台播种机是如何工作的吗？春季和秋季之间，农夫们还会开着肥料车把粪肥运进农田，因为只有在这段时间里，植物才能最快最好地吸收和消化这些肥料。秋天的田野里，联合收割机、马铃薯收割机、玉米粉碎机、甜菜挖掘机隆隆作响。

让孩子了解农场四季的工作，珍惜一餐一饭来之不易。

《万能的农业机械》

在没有拖拉机的农业时代，骡子、驴、马，甚至狗都需要参与到农场的劳作中。这本书向孩子们介绍了第一台蒸汽机、第一部发动机、第一台拖拉机诞生的故事以及GPS等新科技在农业机械上的应用，从科技进步看农业的发展。同时，本书还介绍了在森林里工作的集材车、适用于所有情况的乌尼莫克车等特殊功能的机械车辆。

让孩子了解现代农业的发展历史，初识水利电力学的相关技术。

《农业能源的奥秘》

现代化的农业生产中，大型农用机械的运转离不开电能的支持，风、水、潮汐、波浪、太阳，甚至油菜花田、一堆腐烂的树叶、动物的粪便等都可以转化成电能，为机械运转提供源源不断的动力。

让孩子了解现代化农业能源的奥秘，感受人类利用大自然的智慧。

著作权合同登记：图字 01-2019-5578

图书在版编目（CIP）数据

农业能源的奥秘 /（德）吉斯伯特・施特罗德勒斯文；（德）加比・卡弗里乌斯图；
王思倩译 . -- 北京：天天出版社，2021.11
（田野里的机械工程）
ISBN 978-7-5016-1746-3

Ⅰ . ①农… Ⅱ . ①吉…②加… ③王… Ⅲ . ①农业机械 – 儿童读物 Ⅳ . ① S22-49

中国版本图书馆 CIP 数据核字 (2021) 第 1882921 号